清华电脑学堂

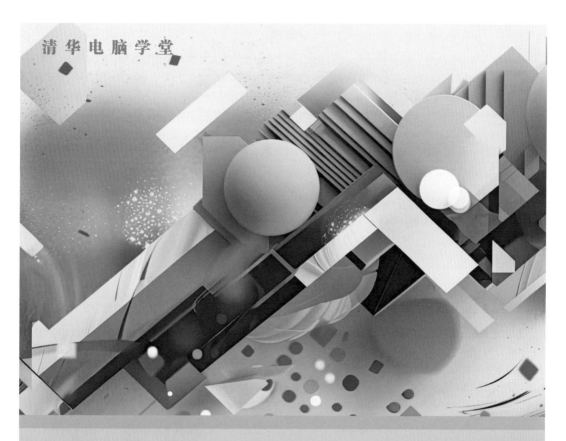

微课学
Axure RP 10
互联网产品策划与原型设计

高鹏 编著

清华大学出版社

北京

内容简介

本书由浅入深地介绍了原型设计制作的方法，以 Axure RP 10 为主要软件绘制原型并输出查看。本节以知识点和实例的制作讲解为主，同时讲解了大量 Axure RP 10 的基础知识，为原型设计的制作打下了基础。

本书配套的多媒体教学资源中不但提供了所有实例的源文件和制作实例所需的素材，同时还提供了所有实例的多媒体教学视频和教学 PPT 课件，以帮助读者迅速掌握使用 Axure RP 10 进行原型设计制作的精髓，从零起步，进而跨入高手行列。

本书实例丰富、讲解细致，注重激发读者的兴趣，培养动手能力，适合作为从事原型设计制作人员的参考手册。

图书在版编目（CIP）数据

微课学Axure RP 10互联网产品策划与原型设计 / 高鹏编著. —北京：清华大学出版社，2023.10（2025.3重印）
（清华电脑学堂）

ISBN 978-7-302-64335-7

Ⅰ. ①微… Ⅱ. ①高… Ⅲ. ①网页制作工具－程序设计 Ⅳ. ①TP393.092.2

中国国家版本馆CIP数据核字（2023）第144614号

责任编辑：张　敏
封面设计：郭二鹏
责任校对：胡伟民
责任印制：曹婉颖

出版发行：清华大学出版社
　　　　网　　　　址：https://www.tup.com.cn，https://www.wqxuetang.com
　　　　地　　　　址：北京清华大学学研大厦A座　　　邮　　编：100084
　　　　社　总　机：010-83470000　　　　　　　　邮　　购：010-62786544
　　　　投稿与读者服务：010-62776969，c-service@tup.tsinghua.edu.cn
　　　　质　量　反　馈：010-62772015，zhiliang@tup.tsinghua.edu.cn
　　　　课　件　下　载：https://www.tup.com.cn，010-83470236
印　装　者：天津鑫丰华印务有限公司
经　　销：全国新华书店
开　　本：185mm×260mm　　印　张：12.25　　字　数：330千字
版　　次：2023年12月第1版　　印　次：2025年3月第2次印刷
定　　价：79.80元

产品编号：090103-01

前　言

Axure RP 10 是原型设计软件，其功能非常强大，应用范围也非常广泛。使用 Axure RP 10 可以创建应用软件或 Web 网站的线框图、流程图、原型和 Word 说明文档。在目前较为流行的交互设计动画制作中 Axure RP 10 的使用也越来越广泛。

作为专业的原型设计工具，Axure RP 10 能快速、高效地创建原型，同时支持多人协作设计和版本控制管理，这样能够更好地表达交互设计师所想的效果，也能够很好地将这种效果展现给研发人员，使团队合作更加完美。

◆ 本书章节及内容安排

本书章节及内容安排如下：

第 1 章　熟悉 Axure RP 10。本章主要介绍了什么是原型设计，原型设计的参与者，原型设计的必要性和作用，Axure RP 10 简介，Axure RP 10 的下载、安装、汉化与启动，Axure RP 10 的主要功能，Axure RP 10 的工作界面，自定义工作界面、使用 Axure RP 10 的帮助资源，帮助读者快速熟悉 Axure RP 10 软件。

第 2 章　新建与管理 Axure 页面。本章主要介绍了使用欢迎界面、新建和设置 Axure 文件、页面管理、页面设置、设置自适应视图、使用参考线和栅格、设置遮罩，帮助读者了解 Axure 页面的使用方法。

第 3 章　使用元件和元件库。本章主要介绍了元件库面板、在页面中添加元件、使用钢笔工具、元件转换、元件编辑、元件库的创建、使用外部元件库、使用大纲面板，帮助读者了解元件和元件库的使用方法。

第 4 章　元件的样式和母版。本章主要介绍了元件属性、创建和管理样式、母版的概念、新建和编辑母版、使用母版、母版使用报告，帮助读者了解元件的样式和母版的使用方法。

第 5 章　交互设计。本章主要介绍了交互面板、添加页面交互、添加元件交互、设置交互样式、变量的使用、设置条件、使用表达式、中继器动作、常用函数，帮助读者了解在 Axure RP 10

中交互设计的使用方法。

第 6 章 团队合作与输出。本章主要讲解使用团队项目、Axure Cloud、发布查看原型、使用生成器,帮助读者了解团队合作与输出的方法。

◆ 本书特点

本书本着由易到难、通俗易懂、基础知识与操作案例相结合的原则,全面详细地介绍了在使用 Axure RP 10 设计制作互联网产品原型的过程中,各个环节的知识点和操作技巧。

本书实例丰富,图文并茂,并附赠一套资源包,资源包中收录了本书所有实例的源文件和制作实例所需的素材,读者可以通过实例操作,以尽快熟悉并增强对 Axure RP 10 各项功能的理解;资源包中还加入了书中所有实例的多媒体教学视频和教学 PPT 课件,以帮助读者更好地学习,读者可扫描下方二维码获取最终效果文件和素材、视频教学文件和教学 PPT 课件。

源文件 + 素材   多媒体教学视频   教学 PPT 课件

由于时间仓促,书中难免有错误和疏漏之处,希望广大读者朋友批评、指正,以便我们改进和提高。

编者

2023.6

目 录

第 1 章

熟悉 Axure RP 10

Axure RP10 能帮助网站需求设计者快捷而简便地创建基于网站构架图的带注释页面示意图、操作流程图以及交互设计，并可自动生成用于演示的网页文件和规格文件，以提供演示与开发。本章将带领读者一起了解互联网产品原型设计的概念、必要性和作用以及 Axure RP 10 的基础知识。

本章知识点

- 了解原型设计的概念、必要性和作用。
- 掌握 Axure RP 10 的下载与安装方法。
- 了解 Axure RP 10 的主要功能。
- 了解 Axure RP 10 的工作界面。
- 掌握自定义工作界面的方法。

1.1 什么是原型设计

产品原型是用线条、图形描绘出的产品框架。原型设计是综合考虑产品目标、功能需求场景、用户体验等因素，对产品的各板块、界面和元素进行合理排序和布局的过程。

对互联网行业来说，原型设计就是将页面模块、各种元素进行排版和布局，获得一个页面的草图效果，如图 1-1 所示。为了使效果更加具体、形象和生动，还可以加入一些交互性的元素，模拟页面的交互效果，如图 1-2 所示。

图 1-1　页面的草图效果

图 1-2　页面的交互效果

> **提　示**
>
> 　　随着互联网技术的普及，为了获得更好的原型效果，很多产品经理采用"高保真"的原型，以确保策划效果与最终的展示效果一致。

1.2　原型设计的参与者

　　一个项目的设计开发通常需要多个人员的共同努力。很多人认为产品原型设计是整个项目的早期过程，只需要产品经理参与即可，但实际上产品经理只是了解产品特性、用户和市场需求，对于页面设计和用户体验设计则通常停留在初级水平。设计师独立进行创作，会使得产品经理和设计师反复商讨、反复修改。

　　为了避免产品设计开发过程中反复修改的情况发生，在开始进行原型设计时，产品经理应

图1-3　原型设计的参与者

邀请用户界面（UI）设计师和用户体验（UE）设计师一起参与产品原型的设计制作，如图1-3所示。这样才可以设计出既符合产品经理预期又具有良好用户体验且页面精美的产品原型。

> **提　示**
>
> 　　互联网产品经理在互联网公司中处于核心位置，需要有非常强的沟通能力、协调能力、市场洞察力和商业敏感度。其不仅要了解消费者、市场，还要能与各种风格迥异的团队配合。可以说，互联网产品经理能力的高低决定了一款互联网产品的成败。

1.3　原型设计的必要性和作用

　　在互联网产品设计过程中，为什么一定要设计产品原型呢？能不能不设计产品原型，直接设计并开发产品呢？当然可以，但是有了产品原型，可以使互联网产品的设计开发过程更轻松，能减少由于规划不足造成的反复修改问题。

1.3.1　原型设计的必要性

　　原型设计是帮助网站设计完成最终标准化和系统化的较好手段。原型设计最大的好处在于，可以有效地避免重要元素被忽略，也可以阻止做出不准确、不合理的假设。

> **提　示**
>
> 　　无论是移动端的 UI 设计还是 PC 端的网页设计，原型设计的重要性都是显而易见的。原型设计让设计师和开发者将产品的基本概念和构想形象化地呈现出来，让参与的每个人都可以查看、使用，并给予反馈。而且，在最终版本确定之前可以随时进行必要的调整。

在项目开始之初，对每个元素进行调试并确保它们能够如同预期一样运作是相当重要的步骤。当设计完成可交互的高保真产品原型之后，设计师可以将它作为一个成型的界面来使用。通过测试模型中所有的功能，确认其能否解决规划阶段所计划解决的问题。

如果没有使用产品原型，而是在完成项目整体的设计和开发之后进行测试，那么，修改和调整的成本就相当高昂了。

> **提　示**
>
> 　　一个可用、可交互的产品原型所带来的好处并不是一星半点的，它还可以帮助开发和设计人员从不同的维度规划和设计产品。

1.3.2　原型设计的作用

一个高保真产品原型能够像最终完成的产品那样运行，用户可以对它进行操作，产品原型则会给予相应的反馈，用户能在明白产品运作方式的同时寻求解决特定问题的方案。产品原型经过可用性测试之后，能够带来更好的用户体验，并能够在产品上线发布之前排除相当一部分的潜在问题和故障。

1. 让开发变得轻松

产品原型可以使产品的开发变得更加容易。当在一个项目中设计完成满意的产品原型之后，能够让参与者清楚项目发布之后的运作流程。开发人员能够在此基础上开发出更加完善的方案。

2. 节省时间和金钱

当一个公司想要推出一款新的 App 或者发布一个新的网站时，总会集合一批专业的人士来完成这个项目。随着时间的推移，花销会不断增长，项目上的投入自然越来越多。有了产品原型之后，团队成员能够围绕着产品原型进行快速高效的沟通，从而明确哪些地方需要增删、哪些细节需要修改，这样能够更加快速地推进项目进度。

3. 更易沟通与反馈

有了产品原型之后，团队成员沟通的时候不需要彼此发送大量的图片和 PDF 文档。取而代之的是添加评论和链接，或者使用原型工具内建的反馈工具进行沟通，这样，沟通的效率提高了，产品原型的修订速度也更快了。

> **提　示**
>
> 　　版本修订是原型设计过程中的重要组成部分，它是最终产品能完美呈现的先决条件。产品原型能够不断修正改善，这使得它成为产品研发中最有价值的部分之一。随着一次次的迭代，产品会越来越优良，而版本修订的过程也会越来越快速、简单。

1.3.3　原型设计的要点

在设计产品原型的时候，为了更好地表现网站内容并吸引更多的用户，设计师需要注意以下几点：

1. 设计时规避自己的个人喜好

自己喜欢的东西并不一定别人也喜欢，例如，网页的色彩应用，设计师喜欢大红大绿，并且其设计的作品中充斥着这样的颜色，那么可能会丢失很多潜在用户。原因很简单，即跳跃的色彩会让部分用户失去对网站的信任。

现在大部分用户喜欢简单的颜色。设计师可以先浏览其他设计师的作品，再制订更符合大众的设计方案。

2. 考虑不同类型的用户

设计师必须让不同类型的用户在网页上达成一致的意见，也就是常说的"老少皆宜"。只有抓住了不同类型用户共同的心理特征，吸引了更多新的用户，才能说明设计是成功的。

3. 充分分析竞争对手

设计师平时应多了解竞争对手的网站项目，总结出竞争对手的优缺点，并避开竞争对手的优势项目，以他们的不足为突破口，这样才会吸引更多用户的注意。也就是说，要把竞争对手的劣势转换为自己的优势，然后突出展现给用户，这一点更易在网站项目建设中实施。

1.4 Axure RP 10 简介

Axure RP 是美国 Axure Software Solution 公司的旗舰产品，是一个专业的可快速进行产品原型设计的工具。Axure RP 能帮助负责定义需求和规格、设计功能和界面的专家快速创建应用软件或 Web 网站的线框图、流程图、原型和规格说明文档。

作为专门的产品原型设计工具，Axure RP 比一般的创建静态产品原型的工具，如 Visio、OmniGraffle、Illustrator、Photoshop、Dreamweaver、Visual Studio、Fireworks 更便捷、高效。Axure RP 10 的工作界面如图 1-4 所示。

图 1-4　Axure RP 10 的工作界面

提 示

Axure RP 10 为用户提供了明亮和黑暗两种工作界面外观模式，用户可以根据个人的喜好选择不同的界面外观模式。

默认情况下，Axure RP 10 使用浅色模式作为工作界面外观，选择"文件"→"备份设置"命令，弹出"偏好设置"对话框，如图 1-5 所示。在"画布"选项卡的"外观"下拉列表框中选择"深色模式"选项，如图 1-6 所示。

图 1-5　"偏好设置"对话框　　　　　　　　　图 1-6　选择"深色模式"选项

此时，"偏好设置"对话框效果如图 1-7 所示。单击"完成"按钮，完成更改工作界面外观为深色模式的操作，工作界面外观效果如图 1-8 所示。

图 1-7　深色模式"偏好设置"对话框　　　　　图 1-8　深色模式工作界面外观

提　示

深色模式的工作界面外观更有利于将用户的注意力集中在原型制作上。为了获得更好的印刷效果，便于学生阅读，本书将采用浅色模式的工作界面外观进行讲解。

1.5　Axure RP 10 的下载、安装、汉化与启动

用户可以通过互联网下载 Axure RP 10 的安装程序和汉化包，安装并汉化后即可开始使用软件完成产品原型的设计制作。

1.5.1　下载并安装 Axure RP 10

在开始使用 Axure RP 10 之前，需要先将 Axure RP 10 软件安装到本地计算机中，用户可

以通过官方网站下载该软件，如图1-9所示。

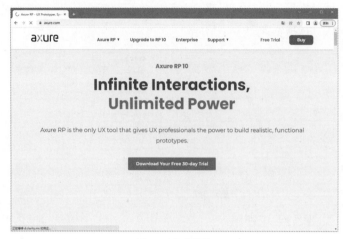

图1-9 官方网站

提　示

　　不建议用户从第三方下载软件，因为除有可能会被捆绑下载很多垃圾软件外，还有可能使计算机感染病毒。

案例操作——安装 Axure RP 10

源文件：无　操作视频：视频\第 1 章\安装 Axure RP10.mp4

[01] 双击下载好的 AxureRP-Setup.exe 文件，弹出 Axure RP 10 Setup 对话框，如图 1-10 所示。单击 Next（下一步）按钮，进入图 1-11 所示的对话框，认真阅读协议后，勾选 I accept the terms in the License Agreement（我接受许可协议的条款）复选框。

图1-10 Axure RP 10 Setup 对话框

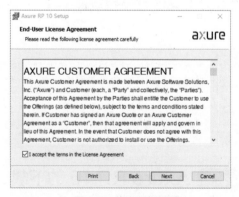

图1-11 阅读协议并同意

[02] 单击 Next（下一步）按钮，进入图 1-12 所示的对话框，单击 Install 按钮，进入图 1-13 所示的对话框，设置安装地址。单击 Change（改变）按钮，可以更改软件的安装地址。单击 Next（下一步）按钮，准备开始安装软件。

[03] 开始安装软件，如图 1-14 所示。稍等片刻，单击 Finish（完成）按钮，即可完成软件的安装，如图 1-15 所示。如果勾选 Launch Axure RP 10（打开 Axure RP 10）复选框，在完成

软件安装后将立即启动软件。

图 1-12　单击 Install 按钮

图 1-13　准备开始安装软件

图 1-14　开始安装软件

图 1-15　完成软件的安装

04 软件安装完成后，用户可以在桌面上找到 Axure RP 10 的启动图标，如图 1-16 所示。用户也可以在"开始"菜单中找到启动选项，如图 1-17 所示。

图 1-16　桌面启动图标

图 1-17　"开始"菜单中的启动选项

1.5.2　汉化与启动 Axure RP 10

用户可以通过互联网获得 Axure RP 10 的汉化包，下载的汉化包解压后通常包含 1 个名为 lang 的文件夹和 1 个说明文件，如图 1-18 所示。将该文件夹复制到 Axure RP 10 的安装目录下，重新启动软件，即可完成软件的汉化。

汉化完成后，用户可以通过双击桌面上的启动图标或单击"开始"菜单中的启动选项启动软件，启动后的工作界面如图 1-19 所示。

图 1-18　汉化文件

通常在第一次启动 Axure RP 10 时，系统会弹出"创建账号"对话框，如图 1-20 所示。要求用户输入账号和密码，登录账号后用户可以通过订阅付费的方式获得使用权限，取消了终身授权。支持按月购买或者按年购买。如果用户没有订阅软件，则软件只能使用 30 天，30 天后将无法正常使用。

图 1-19　汉化工作界面

图 1-20　"创建账号"对话框

提　示

用户如果在软件启动时没有完成授权操作，可以选择"帮助"→"管理授权"命令，再次打开"管理授权"对话框，完成软件的授权操作。

1.6　Axure RP 10 的主要功能

使用 Axure RP 10，可以在不写任何一条 HTML 和 JavaScript 语句的情况下，通过创建文档及相关条件和注释，一键生成 HTML 演示页面。具体来说，用户可以使用 Axure RP 10 完成以下功能。

1.6.1　绘制网站构架图

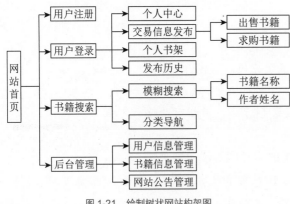

图 1-21　绘制树状网站构架图

使用 Axure RP 10 可以快速绘制树状的网站构架图，而且可以让网站构架图中的每个页面节点直接链接到对应网页，如图 1-21 所示。

1.6.2　绘制示意图

Axure RP 10 内建了许多会经常使用的元件，如按钮、图片、文本、水平线、下拉列表等。使用这些元件可以轻松地绘制各种示意图，如图 1-22 所示。

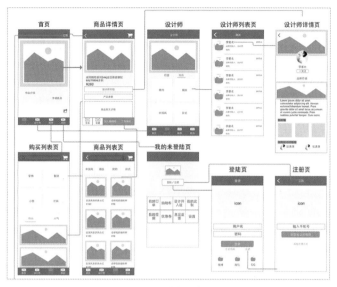

图 1-22　绘制示意图

1.6.3　绘制流程图

Axure RP 10 中提供了丰富的流程图元件，用户可以使用 Axure RP 10 很容易地绘制出流程图，并可以轻松地在流程图元件之间加入连接线、设定连接的格式，如图 1-23 所示。

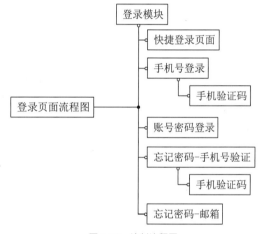

图 1-23　绘制流程图

1.6.4　实现交互设计

Axure RP 10 可以模拟实际操作中的交互效果。通过使用"交互编辑器"对话框中的各项动作，快速为元件添加一个或多个事件并产生动作，包括单击时、滚动到元件等，如图 1-24 所示。

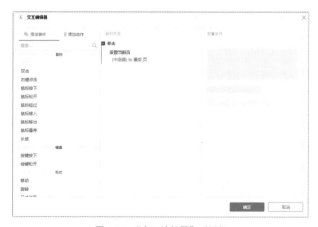

图 1-24　"交互编辑器"对话框

1.6.5 输出网站原型

Axure RP 10 可以将线框图直接输出成符合 IE 或火狐等不同浏览器的 HTML 项目。

1.6.6 输出 Word 格式的规格文件

Axure RP 10 可以输出 Word 格式的文件，文件包含目录，网页清单，网页，附有注解的原版、注释、交互和元件特定的信息，以及结尾文件（如附录）。规格文件的内容与格式也可以依据不同的阅读对象进行变更。

1.7 Axure RP 10 的工作界面

相对于 Axure RP 9 来说，Axure RP 10 的工作界面发生了较大的变化，精简了很多区域，操作起来更简单、更直接，方便用户使用。Axure RP 10 工作界面中的各区域如图 1-25 所示。

菜单栏
工具栏
面板
面板
工作区

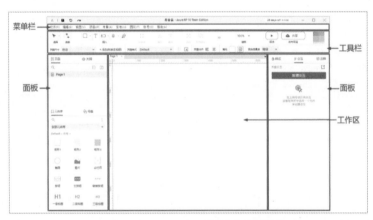

图 1-25 Axure RP 10 工作界面中的各区域

1.7.1 菜单栏

菜单栏位于工作界面的上方，按照功能划分为 9 个菜单，每个菜单中包含相应的操作命令，如图 1-26 所示。用户可以根据要选择的操作的类型在对应的菜单下选择操作命令。

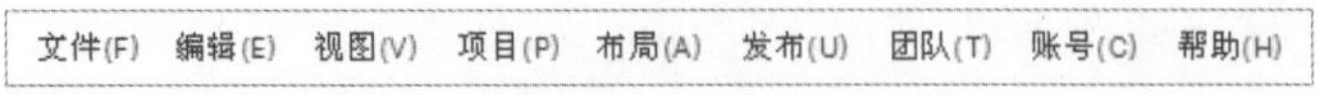

文件(F) 编辑(E) 视图(V) 项目(P) 布局(A) 发布(U) 团队(T) 账号(C) 帮助(H)

图 1-26 菜单栏

1. “文件”菜单

“文件”菜单下的命令可以实现文件的基本操作，如“新建”“打开”“保存”“打印”等，如图 1-27 所示。

2. “编辑”菜单

“编辑”菜单下包含软件操作过程中的一些编辑命令，如“复制”“粘贴”“全选”“删除”等，如图 1-28 所示。

3. "视图"菜单

"视图"菜单下包含与软件视图显示相关的所有命令，如"工具栏""面板""显示背景"等，如图 1-29 所示。

4. "项目"菜单

"项目"菜单下主要包含与项目有关的命令，如"元件样式管理器""全局变量""自适应视图预设"等，如图 1-30 所示。

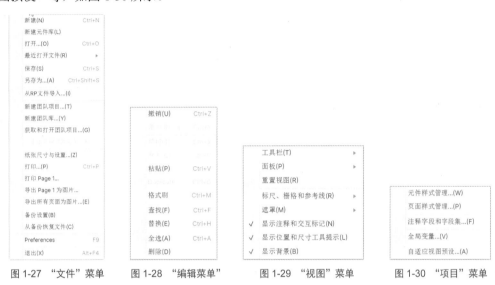

图 1-27 "文件"菜单　　图 1-28 "编辑菜单"　　图 1-29 "视图"菜单　　图 1-30 "项目"菜单

5. "布局"菜单

"布局"菜单下主要包含与页面布局有关的命令，如"对齐""组合""分布""锁定"等，如图 1-31 所示。

6. "发布"菜单

"发布"菜单下主要包含与原型发布有关的命令，如"预览""预览选项""生成 HTML 文件"等，如图 1-32 所示。

图 1-31 布局菜单　　　　　　图 1-32 发布菜单

7. "团队"菜单

"团队"菜单下主要包含与团队协作相关的命令，如图 1-33 所示。

8. "账号"菜单

"账号"菜单下的命令可以帮助用户登录 Axure 的个人账号，获得 Axure 的专业服务，如图 1-34 所示。

9. "帮助"菜单

"帮助"菜单下主要包含与帮助有关的命令，如"在线培训""查找在线帮助"等，如图 1-35 所示。

图 1-33 "团队"菜单

图 1-34 "账号"菜单

图 1-35 "帮助"菜单

1.7.2 工具栏

Axure RP 10 中的工具栏由主工具和样式工具两部分组成，如图 1-36 所示。下面针对每个主工具进行简单介绍，关于每个主工具的具体使用方法，将在本书后文详细讲解。

主工具

样式工具

图 1-36 工具栏

- 选择：用户可以使用"选择相交"和"选择包含"两种选择模式选择对象。在"选择相交"情况下，只要选取框与对象交叉即可被选中，如图 1-37 所示。在"选择包含"情况下，只有选取框将对象全部包含时，才能被选中，如图 1-38 所示。

图 1-37 选择相交

图 1-38 选择包含

- 连接：使用该工具可以将流程图元件连接起来，形成完整的流程图，如图 1-39 所示。
- 插入：该工具组包括基本形状、文本、表单文件、动态元件和钢笔 5 个栏目图标，当图标右侧有三角形图标时，表示该图标下还有其他工具。单击该三角形按钮，即可弹出图

1-40 所示的下拉列表。选择任意选项，即可将其插入到原型中。使用"文本"工具可以在原型中输入文本；使用"钢笔"工具可以在原型中绘制自定义图形。

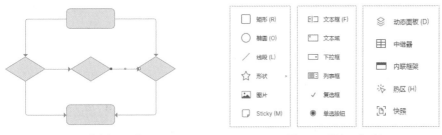

图 1-39　连接流程图元件　　　　　　　　　　图 1-40　弹出下拉列表

- 控制点：使用"钢笔"工具绘制图形或将元件转为自定义形状后，使用该工具可以调整图形锚点，获得更多的图形效果。

提 示

　关于"钢笔"工具的使用将在本书的 3.3 节中详细讲解。关于"控制点"的使用将在本书的 3.5.2 节中详细讲解。

- 置顶：当页面中有两个以上元件时，可以通过单击该按钮，将选中的元件移动到其他元件顶部。
- 置底：当页面中有两个以上元件时，可以通过单击该按钮，将选中的元件移动到其他元件底部。
- 组合：同时选中多个元件，单击该按钮，可以将多个元件组合成一个元件。
- 取消组合：单击该按钮，可以取消组合操作，组合对象中的每个元件将变回单个对象。
- 缩放：在此下拉列表中，用户可以选择视图的缩放比例，缩放比例范围为 10%~400%，以查看不同尺寸的文件效果。
- 对齐：同时选中两个以上元件，可以在该选项中选择不同的对齐方式对齐元件，如图 1-41 所示。
- 分布：同时选中 3 个以上元件，可以在该选项中选择水平分布或垂直分布，如图 1-42 所示。
- 预览：单击该按钮，将自动生成 HTML 预览文件。
- 共享：单击该按钮，将弹出"发布项目"对话框，输入信息后单击"发布"按钮，会自动将项目发布到 Axure 云上，并会获得一个 Axure 提供的地址，以在不同设备上测试效果，如图 1-43 所示。

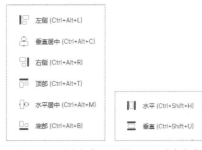

图 1-41　对齐方式　　图 1-42　分布方式

- 登录：如果用户已经登录，单击该按钮将弹出"管理账号"面板，如图 1-44 所示。如果用户未登录，将弹出"创建账号"对话框，用户可以选择输入邮箱和密码登录或者注册一个新账号。登录后能获得更多官方的制作素材和技术支持。

在 Axure RP 10 的工作界面左上角，除了 Axure RP 10 的图标，还有"保存""撤销"和"重做" 3 个常用操作按钮，如图 1-45 所示。

图 1-43   "发布项目"对话框   图 1-44   "管理账号"面板   图 1-45   操作按钮

- 保存：单击该按钮即可保存当前文档。
- 撤销：单击该按钮将撤销一步操作。
- 重做：单击该按钮将再次选择前面的操作。

1.7.3   面板

Axure RP 10 为用户提供了 7 个功能面板，分别是页面、大纲、元件库、母版、样式、交互和注释。默认情况下，这 7 个面板将分为两组，分别排列于工作区的两侧，如图 1-46 所示。

图 1-46   面板组

- 页面：在该面板中可以完成有关页面的所有操作，如图 1-47 所示。
- 大纲：该面板中主要显示当前面板中的所有元件，如图 1-48 所示。用户可以在该面板中找到元件并对其进行各种操作。
- 元件库：在该面板中包含 Axure RP 10 的所有元件，如图 1-49 所示。用户可以在该面板中完成元件库的创建、下载和载入。
- 母版：该面板用来显示页面中所有的母版文件，如图 1-50 所示。用户可以在该面板中完成各种有关母版的操作。

图 1-47 "页面"面板

图 1-48 "大纲"面板

图 1-49 "元件库"面板

图 1-50 "母版"面板

- 样式：该面板的内容会根据当前所选内容发生改变，如图 1-51 所示。大部分元件的效果样式设置都在该面板中完成。
- 交互：用户可以在该面板中为元件添加各种交互效果，如图 1-52 所示。
- 注释：在该面板中可以为元件添加说明，帮助用户理解原型的功能，如图 1-53 所示。

图 1-51 "样式"面板

图 1-52 "交互"面板

图 1-53 "注释"面板

在面板名称上双击或者单击面板右上角的"折叠"按钮，可实现面板的展开和收缩，如图 1-54 所示。这样便于在不同情况下最大化地显示某个面板，便于用户操作。拖曳面板组的边界，可以任意调整面板的宽度，获得满意的视图效果，如图 1-55 所示。

图 1-54 展开和收缩面板

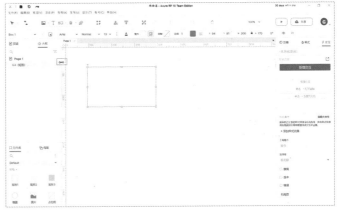
图 1-55 拖曳调整面板宽度

将鼠标指针移动到面板名称上，按住鼠标左键拖曳，即可将面板转换为浮动状态，如图

1-56 所示。拖曳一个浮动面板到另一个浮动面板上，即可将两个面板合并为一个面板组，如图 1-57 所示。用户可以根据个人的操作习惯自由组合面板，以获得更易于操作的工作界面。

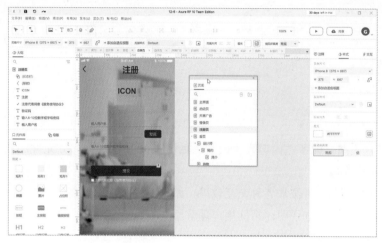

图 1-56 拖曳创建浮动面板

图 1-57 组合面板

单击浮动面板或面板组右上角的图标，可关闭当前面板或面板组。拖曳面板或面板组顶部的灰色位置到工作界面的两侧，可将该面板或面板组转换为固定状态。

关闭后的面板如果想要再次显示，选择"视图"→"面板"命令，在菜单中选择想要显示的面板即可，如图 1-58 所示。

图 1-58 选择命令显示面板

用户有时会需要更大的空间显示产品原型，可以通过选择"视图"→"面板"→"切换左侧面板的显示/隐藏"或"视图"→"面板"→"切换右侧面板的显示/隐藏"命令，隐藏左右两侧的面板，效果如图 1-59 所示。再次选择相同的命令，则会将隐藏面板显示出来，如图 1-60 所示。

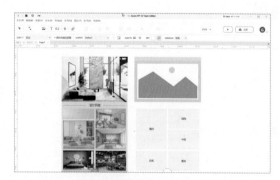

图 1-59 隐藏两侧面板

图 1-60 显示两侧面板

提 示

用户可以通过按 Ctrl+Alt+[组合键快速显示或隐藏左侧面板，按 Ctrl+Alt+] 组合键快速显示或隐藏右侧面板。

1.7.4 工作区

工作区是 Axure RP 10 创建产品原型的地方。用户新建一个页面后，在工作区的左上角将显示页面的名称，如图 1-61 所示。如果用户同时打开多个页面，则工作区将以卡片的形式将所有页面排列在一起，如图 1-62 所示。

图 1-61 页面的名称

图 1-62 多个页面

> **提示**
>
> 单击页面名即可快速切换到当前页面。通过拖曳的方式，可以调整页面显示的顺序。单击页面名右侧的图标，将关闭当前页面。

当页面过多时，用户可以单击工作区右上角的"选择和管理标签页"按钮，如图 1-63 所示。在弹出的下拉列表中选择命令，选择关闭标签页、关闭所有标签页、关闭除当前标签页以外的其他标签页的操作，如图 1-64 所示。

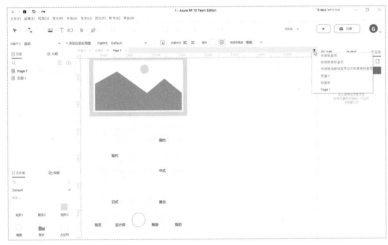

图 1-63 单击"选择和管理标签页"按钮

关闭标签页
关闭所有标签页
关闭除当前标签页以外的其他标签页
页面 1
标签栏
Page 1

图 1-64 下拉列表

1.8 自定义工作界面

每个用户使用的操作习惯可能不相同，Axure RP 10 为了照顾所有用户的操作习惯，允许用户根据个人喜好自定义工具栏和工作面板。

1.8.1 自定义工具栏

工具栏由主工具栏和样式工具栏两部分组成。选择"视图"→"工具栏"命令，取消对应选项的选择，即可将该工具隐藏，如图 1-65 所示。

选择"视图"→"工具栏"→"自定义主工具栏"命令，如图 1-66 所示，弹出图 1-67 所示的对话框。

图 1-65　自定义工具栏

图 1-66　选择命令

图 1-67　弹出对话框

图 1-68　工具具有
显示图标

图 1-69　添加到工具栏

对话框中显示在工具栏上的工具前面都有一个图标，如图 1-68 所示。用户可以根据个人的操作习惯，单击取消或者添加工具选项，从而自定义工具栏，如图 1-69 所示。

取消勾选对话框底部的"在图标下显示功能名称"复选框，如图 1-70 所示，将隐藏工具栏上图标对应的文本，单击"DONE"按钮，自定义工具栏效果如图 1-71 所示。

图 1-70　取消图标文本显示

图 1-71　自定义工具栏效果

> **提 示**
>
> 单击对话框右上角的"恢复默认"按钮,即可将工具栏恢复到默认的显示状态。

1.8.2 自定义工作面板

用户可以通过选择"视图"→"面板"命令,选择需要显示的面板,如图 1-72 所示。具体的操作方法已经在前文讲过,此处不再叙述。

用户可以通过选择"视图"→"重置视图"命令,如图 1-73 所示,将操作造成的混乱视图重置为最初的界面布局视图。重置后的视图将恢复到默认视图状态。

图 1-72 选择面板命令

图 1-73 选择重置视图命令

1.8.3 使用单键快捷键

在 Axure RP 10 中,用户可以使用单键快捷键更快地完成产品原型的设计与制作。首先按一个字母键,然后在工作区单击并拖曳,即可生成相应类型的小部件。

Axure RP 10 中支持的单键快捷键如图 1-74 所示。按 T 键,在工作区中单击,可直接输入文本,效果如图 1-75 所示。

图 1-74 单键快捷键   图 1-75 输入文字

选择"文件"→"备份设置"命令,弹出"偏好设置"对话框,如图 1-76 所示。切换到"画布"选项卡,取消勾选"启用单键快捷方式"复选框,如图 1-77 所示。关闭该功能后,选中元件时输入文本,即可在该元件上快速添加文本。

图 1-76 "偏好设置"对话框

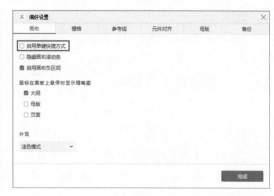

图 1-77 取消勾选"启用单键快捷方式"复选框

1.9 使用 Axure RP 10 的帮助资源

图 1-78 "帮助"菜单

用户在使用 Axure RP 10 软件的过程中，如果遇到问题，可以通过"帮助"菜单寻求解答，如图 1-78 所示。

初学者可以选择"帮助"→"在线培训"命令，进入 Axure RP 10 的教学频道，跟着网站视频学习软件的使用方法，在线培训页面如图 1-79 所示。

初学者也可以选择"帮助"→"入门指南"命令，跟随系统指示对 Axure RP 10 界面内容布局进行初步的了解。

选择"帮助"→"查找在线帮助"命令，可解决一些操作中遇到的问题，在线帮助页面如图 1-80 所示。选择"帮助"→"进入 Axure 论坛"命令，可以快速加入 Axure 大家庭，与世界各地的 Axure 用户分享软件使用的心得。

图 1-79 在线培训页面

图 1-80 在线帮助页面

用户在使用软件的过程中如果遇到一些软件错误，或者想提出一些建议，可以选择"帮助"→"联系支持"命令，在弹出的 Contact Support 对话框中输入相关信息，如图 1-81 所示。将意见和错误发送给软件开发者，以共同提高软件的稳定性和安全性。

选择"帮助"→"欢迎界面"命令，可以再次打开"欢迎使用 Axure RP 10"对话框，方便用户快速创建和打开文件，如图 1-82 所示。

图 1-81　"提交反馈"对话框　　　　　　　图 1-82　"欢迎使用 Axure RP 10"对话框

提 示

　　选择"帮助"→"快捷键"命令，将使用默认浏览器打开包括各种快捷键的网页，用户可以在该网页中根据操作系统的不同和使用需求的不同，查找自己需要的快捷键。

1.10　本章小结

　　本章主要讲解了互联网产品原型设计的相关知识，对原型设计的概念和原型设计的体现方式进行了介绍，讲解了 Axure RP 10 软件的下载、安装方法及其主要功能，还针对软件的工作界面进行了深度的剖析。在帮助学生了解和熟悉工作界面的同时，也对优化和自定义工作界面进行了详细的介绍，为后面内容的学习打下基础。

第 2 章

新建与管理 Axure 页面

在开始原型设计学习之前，用户需要首先了解页面的基本管理和设置。对页面所提供的各种辅助工具进行了解，可以快速帮助读者掌握新建与管理 Axure 页面，同时，帮助读者理解自适应视图设置在网页输出时的必要性，为设计制作辅助的互联网模型打下基础。

本章知识点
- 掌握新建和设置文件的操作方法
- 掌握页面管理的操作方法
- 掌握页面设置的各项操作方法
- 掌握自适应视图的设置
- 掌握辅助线的创建与管理方法

2.1 使用欢迎界面

在启动 Axure RP 10 时，会自动弹出"欢迎使用 Axure RP 10"界面，如图 2-1 所示。用户可以通过单击该界面右下角的"新建文件"按钮，新建一个 Axure 文件；单击"打开文件"按钮，打开 .RP 格式的文件，在 Axure RP 10 中进行编辑修改。

欢迎界面的左下角包含"新特性""论坛"和"学习和支持"3 个链接。

用户单击"新特性"链接，可以进入官网关于 Axure RP 10 新增功能的页面，如图 2-2 所示。单击"论坛"链接，可以访问 Axure 的论坛，与全世界的 Axure 用户交流、学习制作心得，如图 2-3 所示。单击"学习和支持"链接，可以进入 Axure 官网，获得学习资料和资源，如图 2-4 所示。

单击界面左侧中部的"打开示例文件"按钮，即可打开 Axure 官方提供的使用说明文件，如图 2-5 所示。界面右侧显示了最近编辑的 10 个项目，用户单击即可快速打开最近编辑的文件，如图 2-6 所示。

图 2-1 "欢迎使用 Axure RP 10"界面

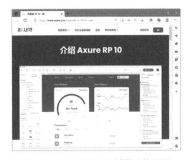

图 2-2　Axure RP 10 新增功能页面

图 2-3　Axure 论坛

图 2-4　Axure 学习和支持

图 2-5　打开示例文件

图 2-6　最近编辑的项目

> **提　示**
>
> 　　单击界面右上角的×图标，将关闭欢迎界面。勾选界面左下角的"Don't show this at startup"复选框后，下次启动 Axure RP 10 时，将不再显示该欢迎界面。选择"帮助"→"欢迎界面"命令，可再次打开该界面。

2.2　新建和设置 Axure 文件

　　在开始设计制作产品原型之前，要新建一个 Axure 文件，确定原型的内容和应用领域，以保证最终完成内容的准确性。除了通过欢迎界面新建文件，还可以通过选择"文件"→"新建"命令新建文件，如图 2-7 所示。

图 2-7　新建文件

2.2.1　纸张尺寸与设置

　　选择"文件"→"纸张尺寸与设置"命令，弹出"纸张尺寸与设置"对话框，如图 2-8 所示。用户可以在该对话框中方便、快捷地设置文件的尺寸和属性。

　　• 纸张尺寸：用户可以从该下拉列表中选择预设的纸张尺

图 2-8　"纸张尺寸与设置"对话框

寸，也可以通过选择"自定义"选项，手动输入需要的纸张尺寸，如图 2-9 所示。

- 单位：选择英寸或毫米等作为宽、高和页边距使用的测量单位。
- 方向：选择纵向或横向的纸张朝向。
- 尺寸：显示新建文件的尺寸，可输入自定义的纸张宽度和高度数值。
- 像素尺寸：指定每个打印纸张像素尺寸。
- 页边距：指定纸张上、下、左、右方向上的外边距值，如图 2-10 所示。
- 设为默认：将当前尺寸设置为默认尺寸，下次新建文件时自动显示。

图 2-9　选择纸张尺寸

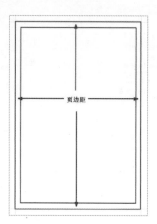

图 2-10　设置页边距

2.2.2　文件存储

选择"文件"→"保存"命令，在弹出的"另存为"对话框中输入"文件名"并设置"保存类型"后，单击"保存"按钮，即可保存文件，如图 2-11 所示。

当前文件保存后，再次选择"文件"→"另存为"命令，弹出"另存为"对话框，如图 2-12 所示。选择此命令通常是为了获得文件的副本或者打开一个新的文件。

图 2-11　"另存为"对话框

图 2-12　"文件"→"另存为"命令

> **提　示**
>
> 用户可以单击工作界面左上角的"保存"按钮或者按 Ctrl+S 组合键保存文件，按 Ctrl+Shift+S 组合键可实现另存为操作。

2.2.3　文件格式

Axure RP 10 支持 RP、RPTEAM、RPLIB 和 UBX 4 种文件格式。不同文件格式的使用方式不同，下面逐一进行介绍。

1. RP格式

RP 格式文件是用户使用 Axure 进行产品原型设计时创建的单独的文件，是 Axure 的默认存储文件格式。以 RP 格式保存的原型文件，是作为一个单独文件存储在本地硬盘上的。这种 Axure 文件与其他应用文件，如 Excel、Visio 和 Word 文件形式完全相同。RP 格式的文件图标如图 2-13 所示。

图 2-13　RP 格式的文件图标

2. RPTEAM格式

RPTEAM 格式文件是指团队协作的项目文件，通常用于团队中多人协作处理同一个较为复杂的项目。不过，用户个人制作复杂的项目时也可以选择使用团队项目，因为团队项目允许用户随时查看并恢复到项目的任意历史版本。

3. RPLIB格式

RPLIB 格式文件是指自定义元件库文件，该文件格式用于创建自定义的元件库。用户可以在互联网上下载 Axure 的元件库文件使用，也可以自己制作自定义元件库并将其分享给其他成员使用。RPLIB 格式的文件图标如图 2-14 所示。关于元件库的使用，将在本书的第 3 章中详细介绍。

图 2-14　RPLIB 格式的文件图标

4. UBX格式

UBX 格式是一款 Ubiquity 浏览器插件的存储格式。它能够帮助用户将所能构想到的互联网服务聚合至浏览器中，并应用于页面信息的切割。通过内容的切割技术从反馈网页中提取部分信息，让用户直接通过拖曳的方式将信息内容嵌入可视化编辑框中，从而大大提高效率。

2.2.4　自动备份

为了保证用户不会因为计算机死机或软件崩溃等问题未存盘，从而造成不必要的损失，Axure RP 10 为用户提供了"自动备份"功能。该功能与 Word 中的自动保存功能一样，会按照用户设定的时间自动保存文档。

图 2-15　"偏好设置"对话框

1. 启动自动备份

选择"文件"→"备份设置"命令，弹出"偏好设置"对话框，对话框自动跳转到"备份"选项卡中，如图 2-15 所示。

> **提　示**
>
> 在该选项卡中，"启用自动备份"选项默认已处于勾选状态，用户也可以设置自动备份间隔的时间，如果不进行二次设置的话，备份间隔默认为 15 分钟。

2. 从备份中恢复

如果用户在设计制作的过程中出现意外，需要恢复自动备份时的数据，则可以选择"文件"→"从备份恢复文件"命令，在弹出的"从备份恢复文件"对话框中设置文件恢复的时间点，如图2-16所示。选择"自动保存日期"选项后，单击"恢复"按钮，即可完成文件的恢复操作，如图2-17所示。

图2-16 "从备份恢复文件"对话框

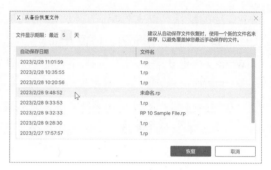

图2-17 选择备份文件

2.3 页面管理

图2-18 "页面"面板

图2-19 重命名页面

新建 Axure RP 10 文件后，用户可以在"页面"面板中查看和管理新建的页面，如图2-18所示。

每个页面都有一个名字，为了便于管理，用户可以对页面进行重命名操作。在页面选中状态下单击页面名称处，即可重命名页面，如图2-19所示。

> **提 示**
>
> 在想要重命名的页面上右击，在弹出的快捷菜单中选择"重命名"命令，也可以完成对页面重新设置名称的操作。

2.3.1 添加和删除页面

如果用户需要添加页面，可以单击"页面"面板右上角的"添加页面"按钮，如图2-20所示，完成页面的添加。添加页面的效果如图2-21所示。

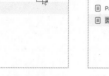

图2-20 "添加页面"按钮　图2-21 添加页面的效果

为了方便进行页面管理，通常将同类型的页面放在一个文件夹下。单击"页面"面板右上角的"添加文件夹"按钮，如图2-22所示，即可完成文件夹的添加。添加文件夹的效果如图2-23所示。

如果希望在特定的位置添加页面或文件夹，首先要在"页面"面板中选择一个页面，然后右击，在弹出的快捷菜单中选择"添加"命令，如图 2-24 所示，即可完成添加。

图 2-22　"添加文件夹"按钮

图 2-23　添加文件夹的效果

图 2-24　"添加"命令

"添加"命令项下包含"文件夹""在上方添加页面""在下方添加页面""子页面"4 个命令。

- 文件夹：将在当前文件下创建一个文件夹。
- 在上方添加页面：将在当前页面之前创建一个页面。
- 在下方添加页面：将在当前页面之后创建一个页面。
- 子页面：将为当前页面创建一个子页面。

如果想要删除某个页面，可以首先选择想要删除的页面，然后按 Delete 键完成删除操作；也可以在页面上右击，在弹出的快捷菜单中选择"删除"命令，完成删除操作，如图 2-25 所示。

如果当前删除页面中包含子页面，则在删除该页面时，系统会自动弹出 Warning 对话框，以确定是否删除当前页面及其子页面，如图 2-26 所示。单击"是"按钮，则删除当前页面及其所有子页面；单击"否"按钮，则取消删除操作。

图 2-25　"删除"命令

图 2-26　Warning 对话框

2.3.2　移动页面

如果想移动页面的顺序或更改页面的级别，可以首先在"页面"面板上选择需要更改的页面，然后右击，在弹出的快捷菜单中选择"移动"命令，如图 2-27 所示。

"移动"命令项下包含"上移""下移""降级""升级"4 个命令。

- 上移：将当前页面向上移动一层。
- 下移：将当前页面向下移动一层。
- 降级：将当前页面转换为子页面。
- 升级：将当前子页面转换为独立页面。

图 2-27　"移动"命令

提　示

　　除了可以使用"移动"命令，用户还可以采用按住鼠标左键并拖曳的方式移动页面的顺序或更改页面的级别。

2.3.3　搜索页面

图2-28　"搜索"按钮　　　图2-29　搜索页面

一个产品原型项目的页面少则几个，多则几十个，为了方便用户在众多页面中查找某一个页面，Axure RP 10 为用户提供了搜索功能。

单击"页面"面板左上角的搜索按钮 🔍，在页面顶部出现搜索文本框，如图 2-28 所示。输入要搜索的页面名称后，即可显示搜索到的页面，如图 2-29 所示。

提　示

单击搜索文本框右侧的×图标，将还原搜索文本框。再次单击搜索按钮，将取消搜索，"页面"面板将恢复默认状态。

2.3.4　剪贴、复制和粘贴页面

用户可以在页面上右击，在弹出的快捷菜单中选择"剪切"命令，即可将页面剪切至内存中，如图 2-30 所示。选择"复制"命令，即可将页面复制至内存中，如图 2-31 所示。

选择想要将页面放置的位置，右击，在弹出的快捷菜单中选择"粘贴"命令，如图 2-32 所示，即可将剪切或复制的内容粘贴到此位置。粘贴页面效果如图 2-33 所示。

图2-30　"剪切"命令　图2-31　"复制"命令　图2-32　"粘贴"命令　　　图2-33　粘贴页面效果

2.3.5　重命名页面

在 Axure RP 10 中，每个页面都有一个名称，为了便于管理，用户可以对页面进行重命名操作，当页面处于选中状态时，单击页面名称，出现文本框后即可为该页面重新设置名称，如图 2-34 所示。也可以在页面上右击，在弹出的快捷菜单中选择"重命名"命令，如图 2-35 所示。

图2-34　重命名页面名称　　　　　　　图2-35　"重命名"命令

2.3.6 创建副本

原型项目中有一些页面结构基本一致，只是图片或文字内容不同，用户可以通过复制页面并修改内容完成制作。在需要复制的页面上右击，在弹出的快捷菜单中选择"创建副本"→"页面"命令，即可为当前页面创建一个副本，如图 2-36 所示。

如果想要将页面及其子页面一起复制，则需要选择"创建副本"→"包含子页面"命令，效果如图 2-37 所示。

图 2-36 "创建副本"→"页面"命令

图 2-37 "创建副本"→"包含子页面"命令

2.4 页面设置

新建一个页面后，用户可以在"样式"面板中对页面尺寸、页面排列、填充和低保真度等属性进行设置，如图 2-38 所示。

图 2-38 "样式"面板

2.4.1 页面尺寸

默认情况下，"页面尺寸"设置为"自动"，单击右侧的 ˅ 图标，可以在弹出的下拉列表中选择预设的移动设备页面尺寸，如图 2-39 所示。

选择"自定义网页"选项，用户可以在文本框中手动设置页面的宽度，如图 2-40 所示。选择"自定义设备"选项，用户可以在文本框中手动设置页面的宽度和高度，如图 2-41 所示。

图 2-39 设置"自动"

图 2-40 自定义网页

图 2-41 自定义设备

提 示

单击"自定义设备"选项下 W（宽度）和 H（高度）文本框后面的 ⟲ 图标，可以实现交换宽度和高度数值的操作。

2.4.2 页面排列

在选择"自动"和"自定义网页"选项时，用户可以在"样式"面板中设置"页面对齐"的方式，有左对齐和水平居中对齐两种方式，如图 2-42 所示。

页面制作完成后，单击工作界面右上角的"预览"按钮，对比两种对齐方式的效果，如图 2-43 所示。

图 2-42 设置页面排列

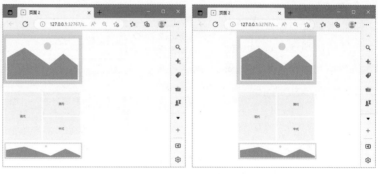

图 2-43 页面排列的对齐方式

2.4.3 页面填充

图 2-44 设置填充

图 2-45 拾色器面板

为了实现更丰富的页面效果，用户可以为页面设置"颜色"填充和"图像"填充，如图 2-44 所示。单击"设置颜色"图标，弹出拾色器面板，如图 2-45 所示。用户可以选择任意一种颜色作为页面的背景色。

单击"设置图像"图标，弹出图 2-46 所示的面板。单击"选择图片"按钮，选择一张图片作为页面的背景，如图 2-47 所示。单击图片缩略图右上角的☒图标，即可清除已选中的图片背景，如图 2-48 所示。

图 2-46 设置图片填充

图 2-47 图片填充效果

图 2-48 清除图片效果

默认情况下，图片填充的范围为 Axure RP 10 的整个工作区，如图 2-49 所示。填充方式为"不重复"，单击右侧的重复背景图片图标，可以在弹出的下拉列表中选择其他的填充方式，如图 2-50 所示。

• 不重复：图片将作为背景显示在工作区内。

图 2-49　图片填充范围　　　　　　　　　　图 2-50　填充方式

- 图像重复：图片在水平和垂直两个方向上重复，覆盖整个工作区，如图 2-51 所示。
- 水平重复：图片在水平方向上重复，如图 2-52 所示。

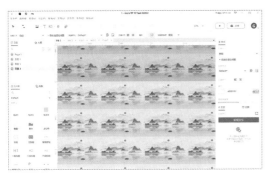

图 2-51　图像重复　　　　　　　　　　　　图 2-52　水平重复

- 垂直重复：图片在垂直方向上重复，如图 2-53 所示。
- 拉伸填充：图片等比例缩放填充整个页面，如图 2-54 所示。

图 2-53　垂直重复　　　　　　　　　　　　图 2-54　拉伸填充

- 拉伸适应：图片等比例缩放置于工作区，如图 2-55 所示。
- 水平垂直双向拉伸：图片自动缩放填充整个工作区，如图 2-56 所示。

用户通过单击"对齐"选项的 9 个方框，可以将背景图片显示在页面的左上、顶部、右上、左侧、居中、右侧、左下、底部和右下位置。图 2-57 所示为将背景图片放置在左下位置。

图 2-55　拉伸适应

图 2-56　水平垂直双向拉伸

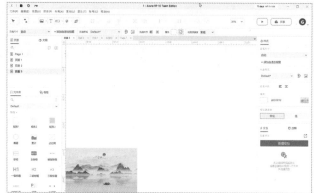

图 2-57　背景图片放置在左下位置

2.4.4　低保真度

一个完整的项目原型，通常包含很多图片和文本素材。为了获得好的预览效果，很多图片采用了较高分辨率的图片素材，而过多的素材会影响整个项目原型的制作流畅度。Axure RP 10为用户提供了低保真度模式，以解决由于制作内容过多造成的卡顿问题。

单击"样式"面板底部"视觉保真度"选项下的 低 图标，即可进入低保真度模式。页面中的图片素材将以灰度模式显示，英文文本将替换为手写字体形式，如图 2-58 所示。

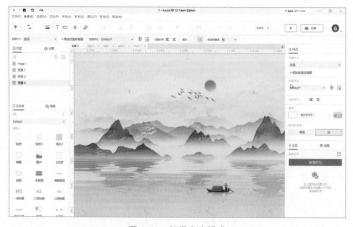

图 2-58　低保真度模式

案例操作——新建 iOS 系统页面

源文件：源文件\第 2 章\新建 iOS 系统页面 .rp 操作视频：视频\第 2 章\新建 iOS 系统页面 .mp4

01 启动 Axure RP 10，在"样式"面板的"页面尺寸"下拉列表框中选择"iPhone 11Pro/X/XS（375×812）"选项，如图 2-59 所示。新建页面效果如图 2-60 所示。

图 2-59 选择页面尺寸

图 2-60 新建页面效果

02 在"样式"面板中单击"填充"选项下的颜色色块，在弹出的拾色器面板中选择图 2-61 中的颜色。填充背景颜色效果如图 2-62 所示。

图 2-61 设置背景颜色

图 2-62 填充背景颜色效果

03 单击"设置图片"图标，在弹出的面板中单击"选择图片"按钮并导入图片，设置填充方式为"拉伸适应"，如图 2-63 所示。填充背景图片效果如图 2-64 所示。

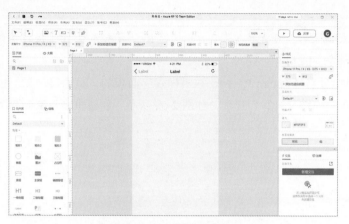

图 2-63　选择填充方式　　　　　　　　图 2-64　填充背景图片效果

源文件：源文件\第2章\创建并应用页面样式.rp　操作视频：视频\第2章\创建并应用页面样式.mp4

01 用户可以在"样式"面板中创建并应用样式，如图2-65所示。单击"页面样式"选项下的"管理页面样式"按钮，弹出"页面样式管理"对话框，如图2-66所示。

图 2-65　创建并应用样式　　　　　　　图 2-66　"页面样式管理"对话框

02 单击"页面样式管理"对话框顶部的"添加"按钮，即可创建一个页面样式，如图2-67所示。用户可以在"页面样式管理"对话框右侧选择设置页面的不同样式，如图2-68所示。

图 2-67　添加新页面样式　　　　　　　图 2-68　添加页面样式

03 单击"确定"按钮，即可完成页面样式的创建。在"页面"面板中新建一个页面，在"页面样式"下拉列表框中选刚刚创建的样式，如图 2-69 所示。样式应用页面效果如图 2-70所示。

图 2-69　选择样式

图 2-70　样式应用页面效果

2.4.5　页面注释

用户可以在"注释"面板中为页面或页面中的元件添加注释，方便其他用户理解和修改，如图 2-71 所示。

用户可以直接在"页面概述"文本框中输入注释内容，如图 2-72 所示。单击右侧的格式图标△，将弹出格式化文本参数，用户可以设置注释文字的字体、加粗、斜体、下画线、文本颜色、项目符号等参数，如图 2-73 所示。

图 2-71　"注释"面板

图 2-72　输入页面概述

图 2-73　格式化文本参数

如果需要有多个注释，那么可以单击页面名称右侧的 ⚙ 图标，弹出"注释字段和字段集"对话框，如图 2-74 所示。用户可以在该对话框中分别添加编辑元件注释、添加编辑元件字段集和添加编辑页面注释，单击面板上的"添加"按钮，即可添加一个对应的注释，如图 2-75 所示。

图 2-74　"注释字段和字段集"对话框　　　　图 2-75　添加页面注释

单击"完成"按钮，即可在"注释"面板上添加页面注释，如图 2-76 所示。当页面同时有多个注释时，用户可以在"注释字段和字段集"对话框中完成对注释的上移、下移和删除操作，如图 2-77 所示。

图 2-76　新添加注释　　　　图 2-77　上移、下移和删除注释

单击"注释"面板中的"分配元件"选项，在弹出的下拉列表中选择要添加注释的元件，即可在下面的文本框中为元件添加注释，如图 2-78 所示。添加注释后的元件的右上角将显示序列数字，该数字与"注释"面板中显示的数字一致，如图 2-79 所示。

图 2-78　添加元件注释　　　　图 2-79　显示序列数字

单击"注释"面板底部的"包含文本和 / 或交互"图标，弹出图 2-80 所示的下拉列表。用户可以根据元件的使用情况，选择是否显示元件文字和交互内容，如图 2-81 所示。

选择"包含元件文本和交互"选项，当为元件添加注释后，单击该元件，将自动在"注释"面板中显示注释内容，如图 2-82 所示。

包含元件文本

包含交互

包含元件文本和交互

图 2-80　下拉列表　　　　　　图 2-81　显示元件文本　　　　　　图 2-82　元件注释

2.5　设置自适应视图

　　早期的输出终端只有显示器，而且显示器屏幕的分辨率基本是一种或者两种，用户只需基于某个特定的尺寸进行设计就可以了。随着移动技术的快速发展，越来越多的移动终端设备出现了，如智能手机、平板电脑等。这些设备的屏幕尺寸多种多样，而且由于品牌不同，其显示屏幕的尺寸也不相同，这给移动设计师的设计工作带来了更多的难题。

　　为了使一个为特定屏幕尺寸设计的页面能够适合所有屏幕尺寸的终端，需要对之前所有的页面进行重新设计，还要顾及兼容性的问题和投入大量的人力、物力，而且后续要对所有不同屏幕的多个页面进行同步维护，这是极大的挑战。

　　图 2-83 所示为苹果手机和华为手机的屏幕尺寸对比。

　　为了满足页面原型在不同尺寸终端屏幕上都能正常显示的需要，Axure RP 10 为用户提供了自适应视图功能。用户可以在自适应视图中定义多个屏幕尺寸，在不同屏幕尺寸上浏览时，页面的样式或布局会自动发生变化。

（苹果手机）　　　　（华为手机）

图 2-83　屏幕尺寸对比

> **提 示**
>
> 　　自适应视图中最重要的概念是集成，因为它在很大程度上解决了维护多个页面的效率问题。其中，每个页面都会为了一个特定尺寸屏幕而进行优化设计。

　　自适应视图中的元件会从父视图中集成样式（如位置、大小）。如果修改了父视图中的按钮颜色，那么所有的子视图中的按钮颜色会随之改变。如果改变了子视图中的按钮颜色，那么父视图中的按钮颜色不会改变。

　　单击"样式"面板中的"添加自适应视图"按钮，如图 2-84 所示，弹出"自适应视图"对话框，如图 2-85 所示。

图 2-84　单击"添加自适应视图"按钮

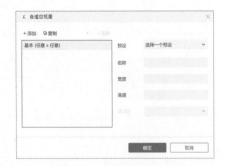
图 2-85　"自适应视图"对话框

　　"自适应视图"对话框中默认包含一个基本的适配选项，通过它可以设置最基础的适配尺寸。

　　如图 2-86 所示，在"预设"下拉列表框中选择"iPhone 11 Pro/X/XS（375×812）"选项，"自适应视图"对话框如图 2-87 所示。

图 2-86　预设下拉列表

图 2-87　"自适应视图"对话框

提　示

　　如果用户在"预设"下拉列表框中无法找到想要的尺寸，可以直接在下面的"宽度"和"高度"文本框中输入数值。

　　单击"自适应视图"对话框左上角的"添加"按钮，即可添加一种新视图，新视图的各项参数可以在"自适应视图"对话框的右侧添加，如图 2-88 所示。在设置相似视图时，可以先单击"复制"按钮，复制选中的选项，然后通过修改数值得到想要的项目，"继承自"文本框中将显示当前适配选项的来源，如图 2-89 所示。

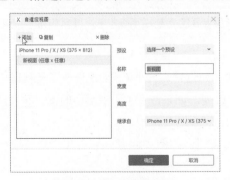
图 2-88　单击"添加"按钮

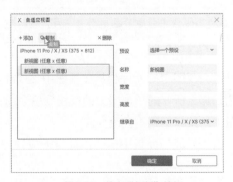
图 2-89　单击"复制"按钮

案例操作——设置自适应视图

源文件：源文件 / 第 2 章 / 设置自适应视图 .rp　操作视频：视频 / 第 2 章 / 设置自适应视图 .mp4

01 使用各种元件创建图 2-90 所示的页面效果。单击"样式"面板中的"添加自适应视图"按钮，在弹出的"自适应视图"对话框中单击"添加"按钮，在"预设"下拉列表框中选择"iPhone 13/13 Pro/12/12 Pro（390×844）"选项，如图 2-91 所示。

02 再次单击"添加"按钮，在"预设"下拉列表框中选择"iPad 10.2"（810×1080）"选项，如图 2-92 所示。单击"确定"按钮，页面效果如图 2-93 所示。

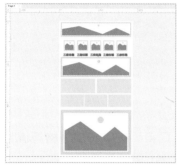

图 2-90　创建页面效果

图 2-91　选择预设选项

图 2-92　选择预设选项

03 单击工作区顶部的"iPhone 13/13 Pro/12/12 Pro（390×844）"，页面效果如图 2-94 所示。取消勾选"Affect All Views（影响所有视图）"复选框，调整元件的大小和分布，页面效果如图 2-95 所示。

图 2-93　添加自适应视图的页面效果

图 2-94　单击顶部选项的页面效果

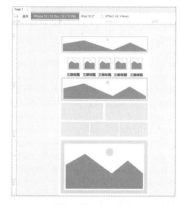

图 2-95　调整元件大小和分布的页面效果

04 单击工作区顶部的"iPad 10.2"（810×1080）"，调整元件的大小和分布，页面效果如图 2-96 所示。单击工具栏上的"预览"按钮，在浏览器中浏览页面。单击浏览器左上角的"iPhone 13/13 Pro/12/12 Pro（390×844）"选项，在下拉列表中选择不同的页面设置选项，预览页面效果，如图 2-97 所示。

提　示

在修改不同视图尺寸中的对象显示效果时，如果勾选了"Affect All Views（影响所有视图）"复选框，则会影响全部的视图效果。

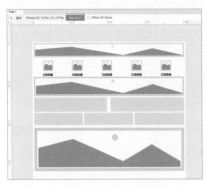

图 2-96　调整元件大小和分布的页面效果

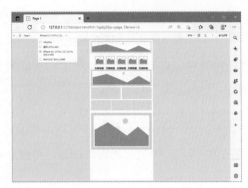

图 2-97　预览页面效果

2.6　使用参考线和栅格

　　为了方便用户设计制作产品原型，Axure RP 10 为用户提供了标尺、参考线和栅格等辅助工具。合理使用这些工具，用户可以及时、准确地完成产品原型设计工作。

　　选择"视图"→"标尺、栅格和参考线"→"参考线设置"命令或在页面中右击，在弹出的快捷菜单中选择"标尺、栅格和参考线"→"参考线设置"命令，弹出"偏好设置"对话框，如图 2-98 所示。

　　在默认情况下，参考线显示在页面的顶层，勾选"在背面渲染参考线"复选框，参考线将显示在页面的底层，如图 2-99 所示。

图 2-98　"偏好设置"对话框

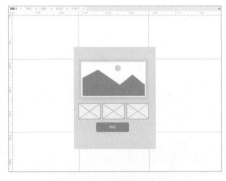

图 2-99　背面渲染参考线

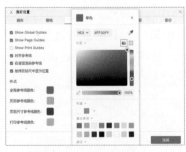

图 2-100　标尺中显示位置　　　　图 2-101　修改参考线颜色

　　勾选"始终在标尺中显示位置"复选框，工作界面的标尺上将自动显示参考线的坐标，如图 2-100 所示。用户可以根据需求在"样式"选项下设置 4 种参考线的颜色。单击色块，在弹出的拾色器面板中选择颜色，即可完成参考线颜色的修改，如图 2-101 所示。

2.6.1　参考线的分类

在 Axure RP 10 中，按照参考线功能的不同可将参考线分为全局参考线、页面参考线、页面尺寸参考线和打印参考线。

1. 全局参考线

全局参考线作用于站点中的所有页面，包括新建页面。将鼠标指针移动到标尺上，按 Ctrl 键的同时按住鼠标左键向外拖曳，即可创建全局参考线。在默认情况下，全局参考线为红紫色，如图 2-102 所示。

2. 页面参考线

将鼠标指针移动到标尺上，按住鼠标左键向外拖曳创建的参考线，称为页面参考线。页面参考线只用于当前页面，在默认情况下，页面参考线为青色，如图 2-103 所示。

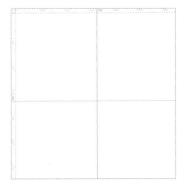

图 2-102　全局参考线

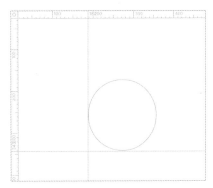

图 2-103　页面参考线

3. 页面尺寸参考线

新建页面时，用户在"样式"面板中选择预设选项或输入数值后，页面高度位置将会出现一条虚线，这就是页面尺寸参考线，如图 2-104 所示。页面尺寸参考线主要用于帮助用户了解页面第一屏的范围。

4. 打印参考线

打印参考线方便用户准确地观察页面效果，以便于用户可以正确打印页面。当用户设置了纸张尺寸后，页面中会显示打印参考线。默认情况下，打印参考线为灰色，如图 2-105 所示。

图 2-104　页面尺寸参考线

图 2-105　打印参考线

2.6.2 编辑参考线

创建参考线后，用户可以根据需求完成对齐参考线、锁定参考线和删除参考线的编辑操作。

1. 对齐参考线

用户可以选择"视图"→"标尺、栅格和参考线"→"对齐参考线"命令或在页面中右击，在弹出的快捷菜单中选择"标尺、栅格和参考线"→"对齐参考线"命令，如图 2-106 所示。激活"对齐参考线"后，移动对象时会自动对齐参考线。

2. 锁定参考线

为了避免参考线移动影响产品原型的准确度，可以将设置好的参考线锁定。

选择"视图"→"标尺、栅格和参考线"→"锁定参考线"命令或在页面中右击，在弹出的快捷菜单中选择"标尺、栅格和参考线"→"锁定参考线"命令，将页面中所有的参考线锁定，如图 2-107 所示。再次选择该命令，将解锁所有参考线。

3. 删除参考线

用户可以单击或拖曳选中要删除的参考线，按 Delete 键，即可将该参考线删除。也可以直接选中参考线拖曳到标尺上，删除参考线。

选择"视图"→"标尺、栅格和参考线"→"删除全部参考线"命令，或在页面中右击，在弹出的快捷菜单中选择"标尺、栅格和参考线"→"删除全部参考线"命令，可将页面中所有的参考线删除，如图 2-108 所示。

图 2-106　删除参考线　　图 2-107　对齐参考线　　图 2-108　锁定参考线

2.6.3 添加参考线

手动拖曳参考线虽然便捷，但如果遇到要求精度极高的项目时就显得"力不从心"了。用户可以通过"添加参考线"命令创建精准的参考线。

案例操作——添加参考线

源文件：源文件 / 第 2 章 / 添加参考线 .rp　操作视频：视频 / 第 2 章 / 添加参考线 .mp4

图 2-109　添加参考线　　图 2-110　"添加参考线"对话框

01 选择"文件"→"新建"命令，新建一个页面。选择"视图"→"标尺、栅格和参考线"→"添加参考线"命令，或在页面中右击，在弹出的快捷菜单中选择"标尺、栅格和参考线"→"添加参考线"命令，如图 2-109 所示。

02 弹出 Create Guides（添加参考线）对话框，如图 2-110 所示。

[03] 用户可以在 Presets 下拉列表框中选择"960 Grid（像素栅格）：16 Column（列）"选项，如图 2-111 所示。

[04] 勾选 Create as Golbal Guides（创建为全局参考线）复选框，可以使参考线出现在所有的页面中，方便团队的所有成员使用，如图 2-112 所示。

图 2-111 选择参考线预设选项

图 2-112 创建参考线

提 示

用户可以直接输入数值来创建参考线。用户应养成使用参考线的习惯，这样既能方便团队合作，又能方便在一个站点中的不同页面定位元素。

2.6.4 使用栅格

使用栅格可以帮助用户保持设计的整洁和结构化。例如，设置栅格为 10px×10px，然后以 10 的倍数为基准来创建对象。将这些对象放在栅格上时，将会更容易对齐。当然，也允许那些需要不同尺寸的特殊对象偏离栅格。

1. 显示栅格

默认情况下，页面中不会显示栅格。用户可以选择"视图"→"标尺、栅格和参考线"→"显示栅格"命令或在页面中右击，在弹出的快捷菜单中选择"标尺、栅格和参考线"→"显示栅格"命令，如图 2-113 所示。页面中网格显示效果如图 2-114 所示。

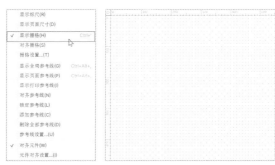

图 2-113 显示栅格　　　图 2-114 栅格效果

提 示

用户可以通过按 Ctrl+' 组合键，完成快速显示或隐藏栅格的操作。

2. 栅格设置

用户可以选择"视图"→"标尺、栅格和参考线"→"栅格设置"命令或在页面中右击，在弹出的快捷菜单中"标尺、栅格和参考线"→"栅格设置"命令，在弹出的"偏好设置"对话框中设置栅格的各项参数，如图 2-115 所示。

用户可以在"间距"下拉列表框中设置栅格的间距；在"样式"选项组中设置栅格的样式为"线段"或"交点"；在"颜色"选项组中设置栅格的颜色。

用户可以选择"视图"→"标尺、栅格和参考线"→"栅格对齐"命令或在页面中右击，要弹出的快捷菜单中选择"标尺、栅格和参考线"→"栅格对齐"命令，如图 2-116 所示。激活"栅格对齐"选项后，移动对象时会自动对齐栅格。

图 2-115　栅格偏好设置　　　　　图 2-116　对齐栅格

2.7　设置遮罩

Axure RP 10 中提供了很多特殊的元件，如热区、母版、动态面板、中继器和文本链接。当用户使用这些元件时，其会以一种特殊的形式显示，如图 2-117 所示。当用户将页面中的元件隐藏时，被隐藏元件在默认情况下以一种半透明的黄色显示，如图 2-118 所示。

如果用户觉得这种遮罩效果会影响操作，可以选择"视图"→"遮罩"命令，选择对应的命令，取消遮罩效果，如图 2-119 所示。

图 2-117　元件应用遮罩　　　　　图 2-118　隐藏元件　　　　　图 2-119　设置遮罩

2.8　本章小结

本章主要讲解了 Axure RP 10 中的新建与管理 Axure 页面的内容，包括使用欢迎界面、新建和设置 Axure 文件、页面管理、页面设置、自适应视图设置、使用辅助线和网格、使用栅格、设置遮罩等内容。读者熟悉这些内容有利于了解产品原型设计的基本操作，通过对本章的学习，读者可以打下良好的基础，为后面深层次的学习打下基础。

第3章

使用元件和元件库

元件是产品原型最基础的组成部分，同时也是 Axure RP 10 制作原型的最小单位，熟悉每个元件的使用方法和属性是制作产品原型的前提。本章将针对 Axure RP 10 的元件和元件库进行讲解。通过本章的学习，读者可以掌握元件的使用方法和技巧，并能够熟练地应用到实际工作中。

本章知识点

- 了解元件面板。
- 掌握添加元件的方法。
- 掌握元件的转换方法。
- 掌握编辑元件的方法。
- 掌握创建元件库的方法。
- 掌握使用外部元件库的方法。

3.1 元件库面板

Axure RP 10 的元件都放在"元件库"面板中，默认情况下，"元件库"面板位于工作界面的左侧，如图 3-1 所示。

"元件库"面板中默认显示 Default（预设）元件库，Default（预设）元件库将元件按照种类分为"常用""互动""表单""菜单和表格""标记"5 种类型，如图 3-2 所示。

单击"全部元件库"选项，用户可以在弹出的下拉列表中选择其他的元件库。在默认情况下，Axure RP 10 为用户提供了 5 个元件库，如图 3-3 所示。

图 3-1 "元件库"面板

图 3-2 Default（预设）元件库

图 3-3 5 个元件库

图3-4　搜索元件

提示

　　每种类型的元件库选项右侧都有一个黑色三角形图标，三角形图标向右时，代表当前选项下有隐藏选项，三角形图标向下时，代表已经显示了所有隐藏选项。用户可以通过单击元件库选项切换显示和隐藏元件库选项。

　　单击"元件库"顶部的"搜索元件"图标Q，图标后面将显示一个搜索栏，用户在搜索栏中输入想要搜索的元件名，即可快速将其显示在面板中，如图3-4所示。再次单击"搜索元件"图标，搜索栏将隐藏。

3.2　在页面中添加元件

　　在"元件库"面板中选择要使用的元件，按住鼠标左键不放，将鼠标指针拖曳到合适的位置后松开，即可完成在页面中添加元件的操作，如图3-5所示。

1. 命名

　　一个原型通常包含很多元件，要在众多元件中查找其中的某一个元件是非常麻烦的。为元件命名就能很好地解决这个问题。为元件命名除了便于用户管理、查找，在制作交互效果时，也便于进行程序的选择和调用。

　　将元件拖曳到页面中后，可以在"样式"面板中为其命名，如图3-6所示。为了便于使用，元件名称应尽量使用英文或者拼音命名，首字母最好选用大写字母。

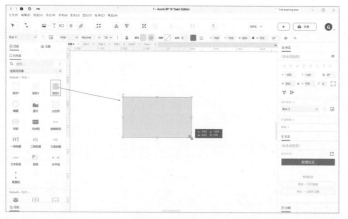

图3-5　添加元件

图3-6　命名

2. 缩放

　　将元件拖曳到页面中后，通过拖曳其四周的控制点，如图3-7所示，可以实现对元件的缩放。用户也可以在工具栏中精确修改元件的坐标和尺寸，其中X代表水平方向，Y代表垂直方向，W 代表元件的宽度，H 代表元件的高度，如图 3-8 所示。

图 3-7 拖曳缩放元件

图 3-8 工具栏中设置树枝缩放元件

3. 旋转

按 Ctrl 键的同时拖曳控制点，可以以任意角度旋转元件，如图 3-9 所示。用户如果要获得精确的旋转角度，可以在工具栏的旋转文本框中或者"样式"面板中设置，如图 3-10 所示。

图 3-9 旋转元件

图 3-10 设置旋转角度

如果元件内有文本内容，文本内容将与元件同时旋转，如图 3-11 所示。右击，在弹出的快捷菜单中选择"变换形状"→"重置元件文本为水平"命令，即可将元件中的文本恢复到 0°，如图 3-12 所示。

如果需要矩形与文本保持一致的高度，可以单击"样式"面板上的"适应文本高度"按钮 ↕，效果如图 3-13 所示。如果需要矩形与文本保持一致的宽度，可以单击"样式"面板上的"适应文本宽度"按钮 ⇌，效果如图 3-14 所示。

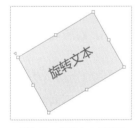

图 3-11 旋转文本与元件

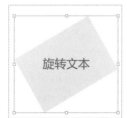

图 3-12 将元件中的文本恢复到 0°

图 3-13 适应文本高度

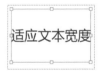

图 3-14 适应文本宽度

4. 设置颜色和不透明度

将元件拖曳到页面中后，用户可以在顶部工具栏或"样式"面板中设置其填充颜色和线段颜色，如图 3-15 所示。

用户还可以修改拾色器面板底部的不透明度值，实现填充或线段的不透明效果，如图 3-16 所示。

图 3-15 设置填充颜色和线段颜色

5. 设置线段宽度和类型

除了可以设置元件的颜色，用户还可以在顶部工具栏或"样式"面板中设置元件的线段宽度和类型，如图 3-17 所示。

图 3-16 修改填充或线段的不透明度　　　　图 3-17 设置元件的线段宽度和类型

3.2.1　常用元件

Axure RP 10 一共提供了 16 个常用元件，如图 3-18 所示。将鼠标指针移动到元件上，元件右上角将出现一个问号图标，单击该图标，将弹出该元件的操作提示，如图 3-19 所示。

图 3-18 常用元件　　　　　　　　图 3-19 元件的操作提示

1. 矩形

Axure RP 10 一共提供了 3 个矩形元件，分别命名为矩形 1、矩形 2 和矩形 3，如图 3-20 所示。这 3 个元件没有本质的不同，只是在边框和填充方面略有不同，方便用户在不同情况下选择使用。

选择"矩形"元件，拖曳元件左上角的三角形，可以将其更改为圆角矩形，如图 3-21 所示。用户可以通过在"样式"面板的"圆角半径"文本框中输入半径值，从而获得不同的圆角矩形效果，如图 3-22 所示。

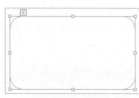

图 3-20 3 个矩形元件　　　　图 3-21 圆角矩形　　　　图 3-22 设置圆角半径

用户还可以通过单击"样式"面板上的"取消圆角"按钮⌐⌐，单独设置矩形的某个边角为圆角或直角，如图 3-23 所示。

　　用户也可以单击工具栏上的"矩形"按钮或者按 Ctrl+Shift+B 组合键，在页面中拖曳绘制一个任意尺寸的矩形，如图 3-24 所示。绘制过程中右侧会出现矩形的尺寸参数和位置的提示信息，如图 3-25 所示。

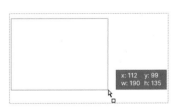

图 3-23　设置圆角　　　　　　图 3-24　选择"矩形"选项　　　　　图 3-25　绘制矩形

2. 圆形

　　圆形元件与矩形元件的绘制方法相同，选择"圆形"元件，直接将其拖曳到页面中即可完成一个圆形元件的创建。用户可以单击工具栏上的"矩形"按钮右侧的 图标，在弹出的下拉列表中选择"椭圆"选项或者按 Ctrl+Shift+E 组合键，在页面中拖曳绘制一个任意尺寸的圆形。

3. 图片

　　Axure RP 10 的图片支持功能非常强大，选择"图片"元件，将其拖曳到页面中，效果如图 3-26 所示。双击"图片"元件，在弹出的"打开"对话框中选择图片，单击"打开"按钮，即可看到打开的图片，打开的图片将以其原始尺寸显示，用户可以通过拖曳边角的控制点实现对其的缩放操作，效果如图 3-27 所示。

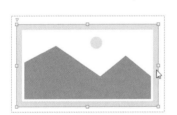

图 3-26　"图片"元件效果　　　　　　　图 3-27　打开图片的效果

> **提　示**
>
> 　　用户也可以单击工具栏上的"矩形"按钮，在弹出的下拉列表中选择"图片"选项，在弹出的"打开"对话框中选择要插入的图片，单击"打开"按钮，完成图片的插入操作。

　　拖曳图片左上角的三角形，可以对图片添加遮罩效果和圆角图片的效果，圆角图片效果如图 3-28 所示。

　　在"图片"元件上右击，在弹出的快捷菜单中选择"编辑文本"命令，如图 3-29 所示。用户可以直接在图片上输入或编辑文本内容，如图 3-30 所示。

图 3-28　圆角图片效果

图 3-29　选择"编辑文本"命令　　　　　图 3-30　输入或编辑文本内容

　　Axure RP 10 可以使用裁剪工具对图片进行裁剪操作。单击工具栏或者"样式"面板上的"裁剪"按钮，工作区将转换为"裁剪图片"模式，图片四周出现选框，如图 3-31 所示。工作区顶部蓝色工具条上有"裁剪""复制""剪切"和"关闭" 4 个按钮，如图 3-32 所示。

图 3-31　"裁剪图片"模式

图 3-32　4 个按钮

　　拖曳调整图片边缘的选框，如图 3-33 所示。单击"裁剪"按钮或者在图片上双击，即可完成对图片的裁剪操作，效果如图 3-34 所示。

图 3-33　拖曳调整图片边缘的选框

图 3-34　裁剪效果

　　单击"复制"按钮，可将选框内的内容复制到内存中，如图 3-35 所示。单击"剪切"按钮，可将选框内的内容剪切到内存中，如图 3-36 所示。通常复制和剪切操作会配合粘贴操作使用。单击"关闭"按钮，将取消本次裁剪操作。

图 3-35　复制操作

图 3-36　剪切操作

案例操作——分割按钮图片

源文件：源文件 \ 第 3 章 \ 分割按钮图片 .rp　操作视频：视频 \ 第 3 章 \ 分割按钮图片 .mp4

01 使用"图片"元件导入图 3-37 所示的图片。单击"样式"面板中的"分割"按钮 ✐，如图 3-38 所示。

02 用户可以单击右上角的按钮选择十字切割、横向切割和纵向切割，如图 3-39 所示。如果选择"十字切割"进入"切割图片"模式，那么页面中就会出现一个"十"字形的虚线，如图 3-40 所示。

图 3-37　导入图片

图 3-38　单击"分割"按钮

图 3-39　分割模式

03 单击图片，即可完成切割操作，如图 3-41 所示。继续进行多次切割，删除多余的部分，即可得到图 3-42 所示的图片效果。

图 3-40　选择"十字切割"模式

图 3-41　分割图片

图 3-42　分割效果

缩放图片时，如果图片具有圆角效果，那么缩放时，圆角效果将一起缩放，这会破坏图片的美观性，如图 3-43 所示。单击"样式"面板上的"固定边角"按钮 ⬚，图片四周将出现边角标记，拖曳标记可以控制缩放图片时图片边角固定的范围，如图 3-44 所示。

当缩放调整图片大小时，图片边角将不会随图片的缩放而缩放，如图 3-45 所示。单击"样式"面板上的"适应图像"按钮 ⤢，可以使缩放调整后的图片恢复原始尺寸。

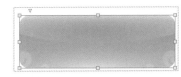

图 3-43　缩放边角

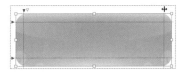

图 3-44　调整边角固定的范围

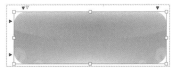

图 3-45　缩放图片时边角不缩放的效果

单击"样式"面板上的"调整颜色"按钮 ⊞，在弹出的对话框中勾选"调整颜色"复选框，如图 3-46 所示。用户可以对图片的"色调""饱和度""亮度"和"对比度"进行调整，调整颜色后的效果如图 3-47 所示。

在图片上右击，可以在弹出的快捷菜单中选择"转换图片"下的命令，如图 3-48 所示。

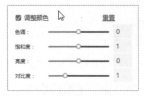

图 3-46　勾选"调整颜色"复选框

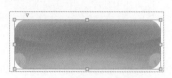

图 3-47　调整颜色的效果

图 3-48　选择命令

- 水平翻转/垂直翻转：选择该命令可在水平或垂直方向上翻转图片。

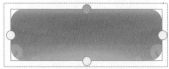

图 3-49　4个连接点

图 3-50　调整连接点的位置

- 优化图片：选择该命令，Axure RP 10 将自动优化当前图片，降低图片的质量，提高下载的速度。
- 转换 SVG 图片为形状：选择该命令，会将 SVG 图片转换为形状图片。
- 固定边角：此命令与"样式"面板中"固定边角"按钮的作用相同。
- 编辑连接点：选择该命令，图片四周将会出现 4 个连接点，如图 3-49 所示。用户可以拖曳调整连接点的位置，如图 3-50 所示。

提示

单击图片，即可为图片添加一个连接点。选中一个连接点，按 Delete 键即可删除连接点。

4. 占位符

占位符元件没有实际的意义，只是作为临时占位的元件存在。当用户需要在页面上预留一块位置，但是还没有确定要放什么内容时，可以选择先放一个占位符元件。选择"占位符"元件，将其拖曳到页面中，效果如图 3-51 所示。

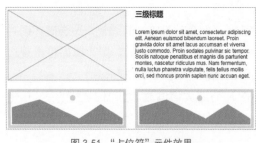

图 3-51　"占位符"元件效果

5. 按钮

Axure RP 10 为用户提供了 3 种按钮元件，分别是按钮、主按钮和链接按钮。用户可以根据不同的用途选择不同的按钮。选择"按钮"元件，将其拖曳到页面中，效果如图 3-52 所示。双击"按钮"元件即可修改按钮文字，效果如图 3-53 所示。

图 3-52　"按钮"元件效果

图 3-53　修改按钮文字

6. 文本

Axure RP 10 中的元件有标题元件和文本元件两种。标题元件又分为一级标题、二级标题和三级标题元件。文本元件分为"文本标签"和"段落"元件。

用户可以根据需要选择不同的标题元件。选择"标题"元件，将其拖曳到页面中，3 个标题元件的效果如图 3-54 所示。

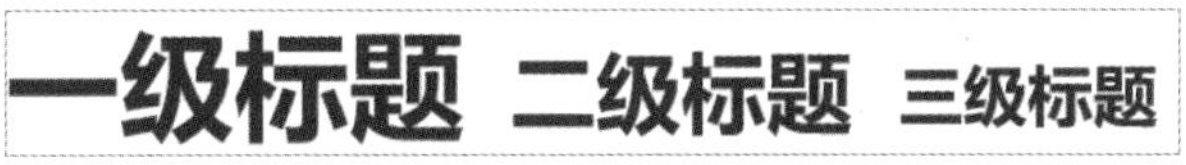

一级标题 二级标题 三级标题

图 3-54　3 个标题元件的效果

"文本标签"元件的主要功能是输入较短的普通文本，选择"文本标签"元件，将其拖曳到页面中，效果如图 3-55 所示。"文本段落"元件用来输入较长的普通文本，选择"段落"元件，将其拖曳到页面中，效果如图 3-56 所示。

拖曳标题元件或文本元件四周的控制点，内部的文本会自动调整位置。当文本框的宽度比文本内容宽时，可以调整文本框的大小，如图 3-57 所示。双击文本框的控制点，即可快速使文本框大小与文本一致，如图 3-58 所示。

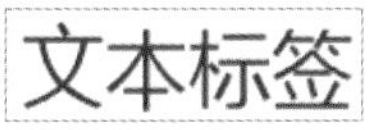

文本标签

图 3-55　"文本标签"
元件效果

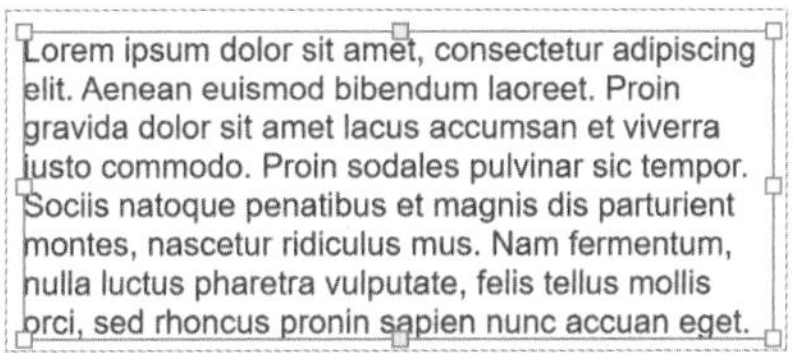

Lorem ipsum dolor sit amet, consectetur adipiscing elit. Aenean euismod bibendum laoreet. Proin gravida dolor sit amet lacus accumsan et viverra justo commodo. Proin sodales pulvinar sic tempor. Sociis natoque penatibus et magnis dis parturient montes, nascetur ridiculus mus. Nam fermentum, nulla luctus pharetra vulputate, felis tellus mollis orci, sed rhoncus pronin sapien nunc accuan eget.

图 3-56　"段落"元件效果

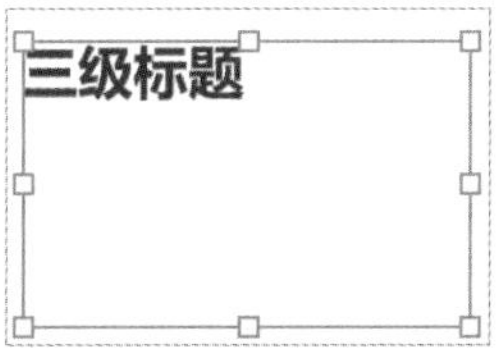

三级标题

图 3-57　调整文本框的大小

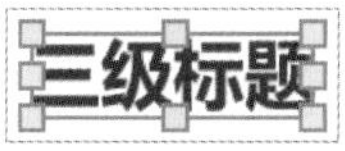

三级标题

图 3-58　快速调整
文本框的大小

选择文本框，用户可以在工具栏上为其指定填充颜色和线框颜色，如图 3-59 所示。选择文本内容，在工具栏中可以为文本指定颜色，如图 3-60 所示。

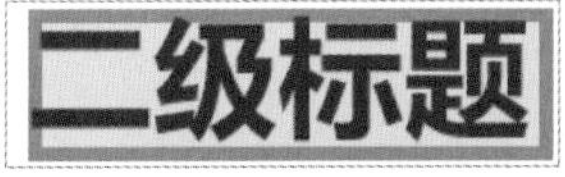

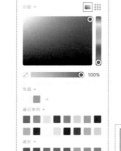

二级标题

图 3-59　指定填充颜色和线框颜色

二级标题

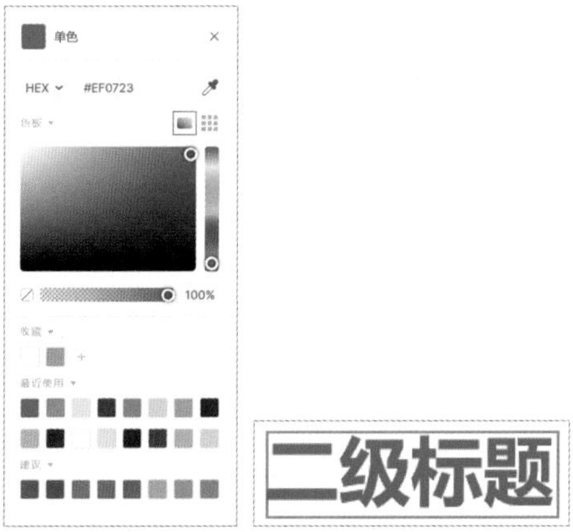

图 3-60　指定文本颜色

除了可以为文本指定颜色，还可以在工具栏上为文本指定字体、字形或字号，为文本设置粗体、斜体、下画线、删除线或项目符号等，如图 3-61 所示。

图 3-61　设置文本属性

单击"更多文本选项"按钮 ⋮，可以在弹出的面板中为文本指定行距、字符间距、基线或字母大小写，如图3-62所示。也可以在勾选"文本阴影"复选框后，为文本添加阴影效果，如图3-63所示。

图3-62　更多文本选项面板　　　　　　　　　　图3-63　文本阴影效果

提 示

也可以单击工具栏上的"文本"按钮 T 或按 Ctrl+Shift+T 组合键，在页面单击或拖曳，即可完成一个文本标签元件的创建。

7. 水平线和垂直线

使用水平线和垂直线元件可以创建水平线段和垂直线段。其通常是用来分割功能或美化页面的。选择"水平线"和"垂直线"元件，将其拖曳到页面中，效果如图3-64所示。也可以单击工具栏上的"矩形"按钮，在弹出的下拉列表中选择"线段"选项，然后在页面中拖曳绘制任意角度的线段，如图3-65所示。

选择线段，可以在工具栏中为其设置颜色、线宽或类型，如图3-66所示。也可以单击工具栏上的"箭头样式"按钮，在弹出的下拉列表中选择一种箭头效果，如图3-67所示。

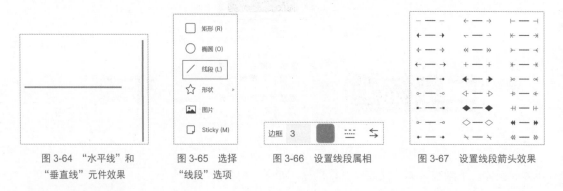

图3-64　"水平线"和　　图3-65　选择　　　图3-66　设置线段属相　　图3-67　设置线段箭头效果
"垂直线"元件效果　　"线段"选项

3.2.2　互动元件

Axure RP 10提供了6个互动元件，如图3-68所示。使用这些元件可以完成原型与用户间的数据交互。

1. 动态面板

"动态面板"元件是 Axure RP 10 中最常用的元件，它可以被看作拥有很多种不同状态的超级元件。

在"元件库"面板中选中"动态面板"元件并将其拖曳到页面中，效果如图 3-69 所示。

图 3-68　6 个互动元件

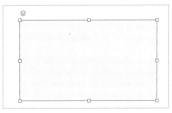

图 3-69　使用"动态面板"元件

双击"动态面板"元件，工作区将转换为"动态面板"编辑状态，如图 3-70 所示。用户可以在该状态中完成动态面板的各种操作。单击右上角的"关闭"按钮 ×即可退出"动态面板"编辑状态，如图 3-71 所示。

图 3-70　"动态面板"编辑界面

图 3-71　关闭"动态面板"编辑状态

单击"动态面板"下拉面板中任意动态面板状态右侧的"编辑状态名称"按钮 ，即可编辑"动态面板"的名称，如图 3-72 所示。单击"创建状态副本"按钮 ，即可复制当前"动态面板"的状态，如图 3-73 所示。单击"删除状态"按钮 ，即可将当前"动态面板"状态删除，如图 3-74 所示。

图 3-72　编辑"动态面板"的名称

图 3-73　创建状态副本

图 3-74　删除状态

也可以通过在"大纲"面板中单击动态面板后面的"添加状态"按钮，为该"动态面板"添加面板状态，如图 3-75 所示。单击面板状态后面的"在视图中隐藏"按钮，可以隐藏当前动态面板状态，如图 3-76 所示。

图 3-75　添加状态

图 3-76　在视图中隐藏

可以通过在"动态面板"下拉面板中选择相应的状态选项，实现在不同"动态面板"状态间的跳转。也可以通过单击"动态面板"标题上的左右箭头实现面板状态间的跳转，如图 3-77 所示。通过在"大纲"面板中选择不同的面板状态，也可实现面板状态间的跳转，如图 3-78 所示。

可以在"动态面板"下拉面板或"大纲"面板中通过拖曳的方式改变"动态面板"状态的顺序。选中"动态面板"状态中的一个元件，单击右上角的"查看全部状态"按钮，如图 3-79 所示，即查看"动态面板"的全部状态，如图 3-80 所示。

图 3-77 单击实现面板状态的跳转　　图 3-78 "大纲"面板　　图 3-79 查看全部状态

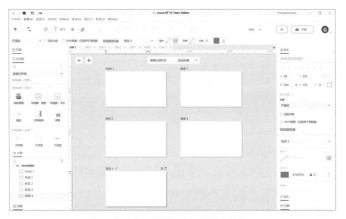

图 3-80 "动态面板"全部状态效果

单击左上角的 + 按钮，即可退出查看全部状态界面；单击 ⊷ 按钮，将为当前动态面板添加一个状态。在"查看全部状态"下拉列表框中可以选择使用"自动布局""水平""垂直"布局方式，如图 3-81 所示。

可以单击布局中的任一状态，当状态顶部名称变为紫色时，即可对其进行各种编辑操作，如图 3-82 所示。

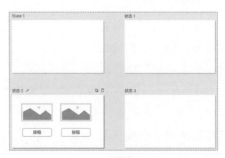

图 3-81 选择布局方式　　　　　　图 3-82 选中状态

可以通过单击状态顶部的编辑状态名称按钮 ✏、创建状态副本按钮 🗐 和删除状态按钮 🗑，完成重命名、复制和删除状态的操作，如图 3-83 所示。

图 3-83 状态顶部按钮

单击任一状态的名称处，当前状态将页面四周将出现图 3-84 所示的状态控制框。拖动控制锚点可自由调整状态的尺寸，同时其他状态的尺寸会一起发生变化，如图 3-85 所示。

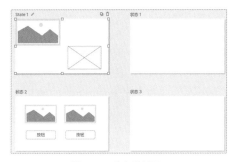

图 3-84 状态控制框

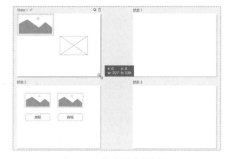

图 3-85 拖曳调整控制框

调整完成后，状态将自动重新排列，效果如图 3-86 所示。

在"动态面板"元件上右击，在弹出的快捷菜单中选择"从面板中分离出当前状态"命令，如图 3-87 所示。即可将该动态面板中的第一个面板状态脱离为独立状态，该状态中的元件将以独立状态显示，如图 3-88 所示。

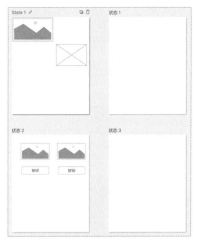

图 3-86 状态重新排列

图 3-87 选择"从面板中分离出当前状态"命令

图 3-88 从面板中分离出当前状态效果

除了从"元件库"面板中拖入的方式创建动态面板，还可以将页面中的任一对象转换为动态面板，方便用户制作符合自己要求的产品原型。选中想要转换为动态面板的元件，右击，在弹出的快捷菜单中选择"转换为动态面板"命令，即可将元件转换为动态面板，如图 3-89 所示。

图 3-89 将元件转换为动态面板

提 示

从"元件库"面板中拖曳"动态面板"元件到页面中后再进行编辑的方法,与先创建页面内容再转变为动态面板的方法,虽然操作顺序不同,但实质上没有区别。

案例操作——使用动态面板显示隐藏对象

源文件:源文件\第3章\使用动态面板显示隐藏对象.rp 操作视频:视频\第3章\用动态面板显示隐藏对象.mp4

01 新建一个 Axure 文件,将"动态面板"元件拖入到页面中,效果如图 3-90 所示。双击动态面板,在弹出的"动态面板状态管理"中添加两个状态并修改名称,如图 3-91 所示。

02 选择"美食频道"状态,使用矩形 2 元件、矩形 3 元件制作图 3-92 所示的页面。使用"文本标签"元件制作图 3-93 所示的页面。

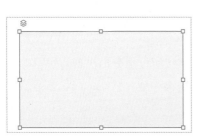

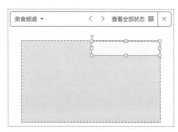

图 3-90 将"动态面板"元件拖入页面中　　图 3-91 添加状态并修改名称　　图 3-92 使用矩形 2 和矩形 3
元件制作的页面

03 用相同的方法进入"旅游频道"状态,编辑页面效果如图 3-94 所示。返回主页面,将"热区"元件拖入到页面中,并调整其大小和位置,如图 3-95 所示。

图 3-93 使用"文本标签"元件制作的页面　图 3-94 完成"旅游频道"状态页面　　图 3-95 添加热区

04 选中热区,单击"交互"面板中的"新增交互"按钮,在弹出的"选择事件触发方式"下拉列表下选择"单击"选项,如图 3-96 所示。在弹出的"添加动作"下拉列表中选择"设置动态面板状态"选项,如图 3-97 所示。

05 选择"动态面板"目标,设置"状态"为"美食频道",如图 3-98 所示。单击"确定"按钮,完成设置。使用相同的方法,完成"旅游频道"状态交互设置,如图 3-99 所示。

06 将文件保存,单击工具栏中的"预览"按钮,在打开的浏览器中查看交互效果,如图 3-100 所示。

图 3-96　添加"选择事件　　图 3-97　"添加动作"　　图 3-98　为"美食频道"　　图 3-99　为"旅游频道"
　　触发方式"　　　　　　　　　　　　　　　　　　　添加动作　　　　　　　　添加动作

图 3-100　查看效果

2. 中继器-表格/中继器-卡片

Axure RP 10 中将"中继器"元件拆分成"中继器 - 表格"元件和"中继器 - 卡片"元件，如图 3-101 所示。虽然两个元件形式不同，但功能相同。

将光标移动到"中继器 - 表格"元件或"中继器 - 卡片"元件上，按下鼠标左键并向页面拖曳，即可完成中继器元件的创建，如图 3-102 所示。

图 3-101　中继器元件　　　　　　　图 3-102　创建中继器元件

Axure RP 10 中允许用户将任何元件转换为中继器。选择页面中的元件，选择"布局"→"转换为中继器"命令，即可将选中元件转换为中继器元件，如图 3-103 所示。或者在选中元件上右击，在弹出的快捷菜单中选择"转换为中继器"命令或者按 Ctrl+Shift+Alt+R 组合键，如图 3-104 所示，也可将当前选中元件转换为中继器元件，如图 3-105 所示。

图 3-103　"转换为中继器"命令　　　图 3-104　"转换为中继器"选项　　　图 3-105　元件转换为中继器

（1）中继器项目

项目指的是中继器实例由各种元件组成的、可以直观看到的部分。用户可以通过拖曳调整页面中的中继器实例项目的位置，也可以在"样式"面板的 X 文本框和 Y 文本框中输入数值，精确控制中继器实例项目的位置，如图 3-106 所示。

用户无法在"样式"面板中直接修改中继器实例项目的尺寸，如果想修改图 3-107 中继器实例项目的尺寸，只需双击该项目，进入项目编辑模式，在编辑模式修改项目内部内容的大小、位置和排列，如图 3-108 所示。

单击"关闭"按钮，通常情况下，项目会进行自适应调整对应大小，如图 3-109 所示。在编辑中继器实例项目时，只能看到项目中由元件组成的一个数据表。中继器实例项目即对中继器数据集表的每一行进行重复。

图 3-106　控制中继器实例的位置

图 3-107　中继器实例项目　　　图 3-108　调整中继器内部内容的大小　　　图 3-109　中继器自适应调整大小

（2）中继器数据集

数据集就是一个数据表，通常用来控制中继器实例项目重复的数据，单击选中中继器实例，数据集将出现在实例项目的下方，如图 3-110 所示。将鼠标光标移到数据集顶部第一行位置，按下鼠标左键可以拖曳调整数据集的位置，如图 3-111 所示。

图 3-110　中继器数据集图　　　　　　　　图 3-111　拖曳调整数据集位置

提 示

用户可以通过使用复制、粘贴操作，将 Microsoft Excel 电子表格中的数据粘贴到中继器数据集中。

单击数据集右上角的“折叠 / 展开”按钮，数据集将折叠显示，折叠后的数据集将显示当前数据集的行数和列数，如图 3-112 所示。再次单击该按钮，即可显示数据集，如图 3-113 所示。中继器数据集中的数据决定了中继器项目的每次重复中显示的不同内容。

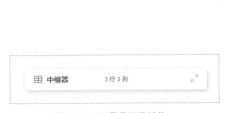

图 3-112　折叠显示数据集

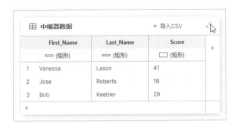

图 3-113　展开显示数据集

提 示

从 Excel 中复制到数据集中的数据末尾会有一个多余的空行，为了避免错误，必须将其删除。

数据集可以包含多行多列。单击数据集底部或右侧的“+”行或“+”列，即可完成行或列的添加，如图 3-114 所示。也可以通过单击顶部列名右侧的图标，在弹出的下拉菜单中选择相应命令，完成重命名列、添加列、删除列和移动列等操作，如图 3-115 所示。

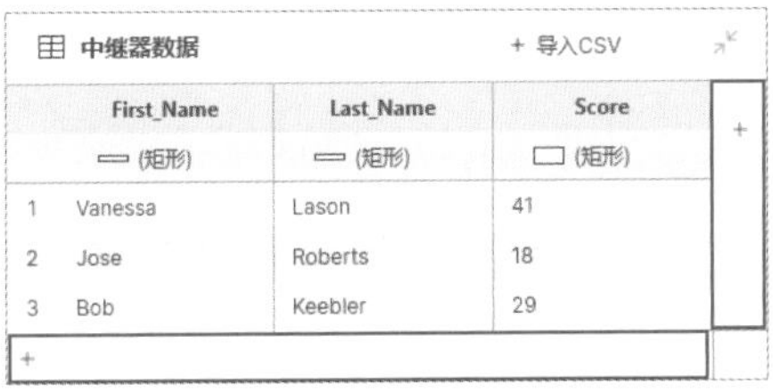

图 3-114　添加行或列

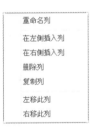

图 3-115　列操作

提 示

双击列名可以对其进行编辑。需要注意的是，列名只能由字母、数字和下画线组成，且不能以数字开头。数据集的表格可以直接进行编辑。当数据较多时，可以选择在 Excel 中进行编辑，通过复制，将数据粘贴到数据集中。

单击数据集表顶部的“导入 CSV”按钮，可将 CSV 数据导入数据集。导入 CSV 文件时，列和行将根据需要自动添加到数据集中。同时，数据集中的现有内容将被覆盖。CSV 是逗号分隔值文件格式，是一种用来存储数据的纯文本文件，通常用于存放电子表格或数据，可以使用记事本或者 Excel 打开。

案例操作——为中继器数据集添加行和列

源文件：源文件 \ 第 3 章 \ 为中继器数据集添加行和列 .rp　操作视频：视频 \ 第 3 章 \ 为中继器数据集添加行和列 .mp4

01 将"中继器 - 表格"元件拖曳到页面中创建中继器实例，如图 3-116 所示。将鼠标光标移动到"中继器数据"面板如图 3-117 所示的位置，单击并修改文字内容。

图 3-116　创建中继器实例

图 3-117　修改数据集数据

02 中继器实例项目显示效果如图 3-118 所示。继续修改数据集数据，其实例项目效果如图 3-119 所示。

图 3-119　修改数据集效果

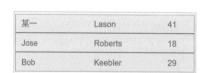

图 3-118　中继器实例效果

03 单击"中继器数据"表格底部的"+"按钮，如图 3-120 所示，即可为中继器数据集添加一行，分别在单元格中单击并输入文字，实例项目效果如图 3-121 所示。

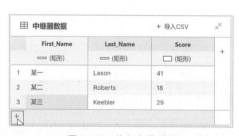

图 3-120　单击"+"按钮

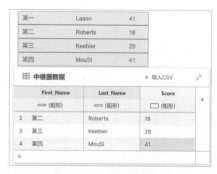

图 3-121　实例项目效果

双击中继器实例项目，进入项目编辑模式，如图 3-122 所示。按 Ctrl 键的同时，拖曳并复制最后一个矩形，效果如图 3-123 所示。

图 3-122　进入项目编辑模式

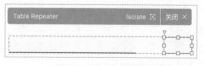

图 3-123　复制矩形

单击"关闭"按钮，退出项目编辑模式。单击"中继器数据"表格右侧的"+"按钮，如图 3-124 所示，即可为中继器数据集添加一列，如图 3-125 所示。

图 3-124　单击"+"按钮

图 3-125　添加一列

修改新加列的列名，单击"连接元件"按钮，选择如图 3-126 所示的矩形。在数据集单元格中输入文字，中继器实例项目显示效果如图 3-127 所示。

图 3-126　链接矩形元件

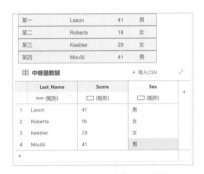

图 3-127　中继器实例项目效果

案例操作——使用中继器制作产品页面

源文件：源文件\第 3 章\使用中继器制作产品页面 .rp　操作视频：视频\第 3 章\使用中继器制作产品页面 .mp4

01 新建一个 Axure RP 10 文件。将"中继器 - 表格"元件从"元件库"面板中拖曳到页面中，如图 3-128 所示。双击进入项目编辑页面，使用"矩形"元件、"图片"元件和"文本标签"元件完成图 3-129 所示的页面。

图 3-128　使用"中继器"元件

图 3-129　使用元件制作页面

02 分别为页面中的元件指定名称，如图 3-130 所示。在数据集中添加列并输入各项产品的数据，并连接对应元件，如图 3-131 所示。

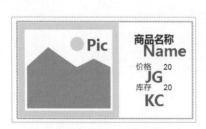

图 3-130 为元件指定名称

Name	JG	KC	PIC
T Name	T JG	T KC	连接元件
1 茶杯	150	400	
2 水杯	50	180	
3 保温杯	200	290	
4 咖啡杯	30	100	
5 冰杯	30	50	
6 马克杯	100	500	

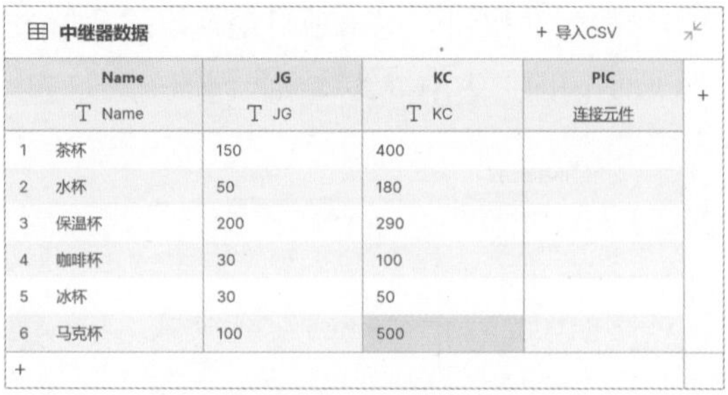

图 3-131 输入数据并连接元件

03 在 Pic 单元格中右击，在弹出的快捷菜单中选择“导入图片”命令，如图 3-132 所示。导入素材图片，完成效果如图 3-133 所示。

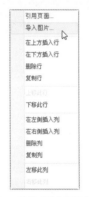

图 3-132 选择“导入图片”命令

Name	JG	KC	PIC
T Name	T JG	T KC	Pic
1 茶杯	150	400	snap13586.tif
2 水杯	50	180	snap13598.tif
3 保温杯	200	290	snap13597.tif
4 咖啡杯	30	100	snap13589.tif
5 冰杯	30	50	snap13592.tif
6 马克杯	100	500	snap13593.tif

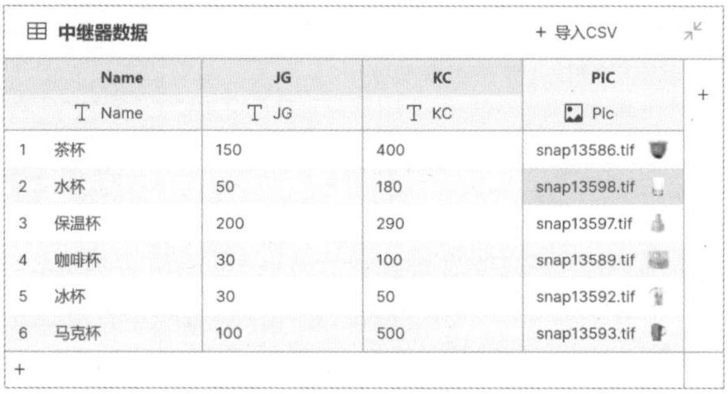

图 3-133 导入图片数据集

04 在“样式”面板的“布局”选项组中选择“水平”单选按钮，勾选“换行（网格）”复选框，设置“每行项目数”为 2，“行距”和“列距”都设置为 10，如图 3-134 所示。页面排列效果如图 3-135 所示。

3. 热区

热区就是一个隐形但可以点击的面板。在“元件库”面板中选择“热区”元件，将其拖曳到页面中。使用热区可以为一张图片同时设置多个超链接的操作，如图 3-136 所示。

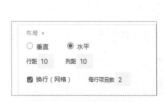

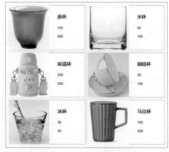

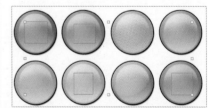

图 3-134 设置布局和间距

图 3-135 页面排列效果

图 3-136 一张图片设置多个超链接

4. 内联框架

“内联框架”元件是网页制作中的 iframe 框架。在 Axure RP 10 中，用户使用“内联框架”元件可以应用任何一个以“HTTP：//”开头的 URL 所标示的内容，如一张图片、一个网站、一个动画，只要能用 URL 标示就可以了。选择"内联框架"元件，将其拖曳到页面中，效果如图 3-137 所示。

双击"内联框架"元件，弹出"链接属性"对话框，如图 3-138 所示。可以在该对话框中选择"链接到当前项目的某个页面"或"链接一个外部链接或文件"单选按钮。

图 3-137　"内联框架"元件效果　　图 3-138　"链接属性"对话框

> **提 示**
>
> iframe 是 HTML 的一个控件，用于在一个页面中显示另外一个页面。

5. 快照

快照可让用户捕捉引用页面或主页面图像。可以配置快照组件显示整个页面或页面的一部分，也可以在捕捉图像之前对需要应用交互的页面建立一个快照。选择"快照"元件，将其拖曳到页面中，效果如图 3-139 所示。

双击元件即可弹出"引用页"对话框，如图 3-140 所示。在该对话框中可以选择引用的页面或母版，引用效果如图 3-141 所示。

图 3-139　"快照"元件效果　　图 3-140　"引用页"对话框　　图 3-141　引用效果

在"样式"面板的"快照"选项组中可以看到页面快照的各项参数，如图 3-142 所示。取消勾选"自适应缩放"复选框，引用页面将以实际尺寸显示，如图 3-143 所示。

双击元件，鼠标指针变成小手标记，可以拖曳查看引用页面，如图 3-144 所示。滚动鼠标滚轮，可以缩小或放大引用页面。用户也可以拖曳调整快照的尺寸，如图 3-145 所示。

图 3-142　页面快照的各项参数　　图 3-143　实际尺寸显示　　图 3-144　拖曳查看　　图 3-145　调整快照的尺寸

提　示

当快照引入的图像太大时，Axure RP 10会自动对图像进行优化，优化后的图像质量将降低。

3.2.3　表单元件

Axure RP 10为用户提供了丰富的表单元件，便于用户在原型中制作更加逼真的表单效果。表单元件主要包括文本框、文本域、下拉框、列表框、复选框和单选按钮。

1. 文本框

文本框元件主要用来接收用户输入内容，但是仅接收单行的文本输入。选择"文本框"元

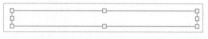

图3-146　"文本框"元件效果

件，将其拖曳到页面中，效果如图3-146所示。文本框中输入的文本的样式，可以在"样式"面板的"排版"选项组中进行设置，如图3-147所示。

在"文本框"元件上右击，在弹出的快捷菜单中选择"输入类型"命令下的命令，可以选择文本框的不同类型，如图3-148所示。选择"设置最大输入长度"命令，可以在弹出的"文本框最大输入长度"对话框中设置文本框的最大长度，如图3-149所示。

图3-147　设置文本框
中输入的文本的样式

图3-148　选择文本框的不同类型

图3-149　设置文本框的最大长度

提　示

也可以单击工具栏上"文本框"按钮右侧的按钮，在弹出的下拉列表中选择想要插入的表单后，在页面单击或拖曳，即可完成一个表单元件的创建。

案例操作——创建文本框

源文件：源文件\第3章\创建文本框.rp
操作视频：视频\第3章\创建文本框.mp4

01 将"文本框"元件拖曳到页面中，在"样式"面板中为其指定名称为"用户名"，如图3-150所示。在"样式"面板中设置文本框的"边框"属性，如图3-151所示。

02 按Ctrl键的同时向下拖曳文本框，

图3-150　为元件指定名称　图3-151　设置文本框的"边框"属性

复制一个文本框，如图 3-152 所示，修改其名称为"密码"。将"主按钮"元件拖曳到页面中，调整其大小和文本内容，指定名称为"提交"，效果如图 3-153 所示。

图 3-152　复制文本框

图 3-153　"主按钮"元件效果

03 在"用户名"文本框上右击，在弹出的快捷菜单中选择"输入类型"→"文本"命令，如图 3-154 所示。使用相同的方法，将"密码"文本框输入类型设置为"密码"。

04 在"用户名"文本框上右击，在弹出的快捷菜单中选择"设置最大输入长度"命令，如图 3-155 所示。在弹出的"文本框最大输入长度"对话框中将"最大长度"设置为 8，单击"确定"按钮，如图 3-156 所示。使用相同的方法，设置"密码"文本框的最大长度。

05 在"用户名"文本框上右击，在弹出的快捷菜单中选择"指定提交按钮"命令，在弹出的"指定提交按钮"对话框中勾选"提交"按钮元件，如图 3-157 所示。使用相同的方法，设置"密码"文本框的提交按钮。

06 在"用户名"文本框上右击，在弹出的快捷菜单中选择"添加工具提示"命令，在弹出的"工具提示"对话框中输入提示内容，如图 3-158 所示。使用相同的方法，设置"密码"文本框的工具提示。

图 3-154　设置
输入类型

图 3-155　选择"设置
最大输入长度"命令

图 3-156　设置最大长度

07 单击"确定"按钮，完成工具提示的添加。单击工作界面右上角的"预览"按钮，预览效果如图 3-159 所示。

图 3-157　勾选"提交"按钮元件

图 3-158　添加工具提示内容

图 3-159　预览效果

2. 文本域

文本域能够接收用户输入多行文本。选择"文本域"元件，将其拖曳到页面中，效果如图

3-160所示。文本域的设置与文本框基本相同，此处不赘述。

3. 下拉框

下拉框主要用来显示一些列表选项，以便用户选择。下拉框只能选择选项，不能输入。选择"下拉框"元件，将其拖曳到页面中，效果如图3-161所示。

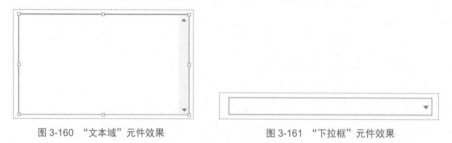

图3-160　"文本域"元件效果　　　　　　　　图3-161　"下拉框"元件效果

双击"下拉框"元件，在弹出的"编辑下拉列表"对话框中单击"添加"按钮，逐一添加列表，效果如图3-162所示。单击"批量编辑"按钮，用户可以在"批量编辑"对话框中一次输入多项文本内容，单击"确定"按钮，完成批量列表的添加，如图3-163所示。

勾选某个列表选项前面的复选框，代表将其设置为默认显示的选项，如果所有选项都没有勾选，则第一项为默认显示选项。在"编辑下拉列表"对话框中单击"上移"按钮，可以调整列表的顺序。选中列表选项，单击"删除"按钮，即可删除该列表选项。单击"确定"按钮，下拉框中即可显示添加的列表选项，效果如图3-164所示。

图3-162　添加列表效果　　　　图3-163　编辑多项列表效果　　　　图3-164　下拉框效果

4. 列表框

"列表框"元件一般会在页面中显示多个供用户选择的选项，并且允许用户多选。选择"列表框"元件，将其拖曳到页面中，效果如图3-165所示。

双击"列表框"元件，在弹出的"编辑列表框"对话框中可以添加列表选项，如图3-166所示。"列表框"元件添加列表选项的方法和"下拉框"元件的添加方法相同。勾选"默认允许多选"复选框，可允许用户同时选择多个选项，图3-167所示为列表框预览效果。

5. 复选框

"复选框"元件允许用户选择多个选项，选中状态以"√"显示，再次单击则取消选择。选择"复选框"元件，将其拖曳到页面中并进行设置，效果如图3-168所示。

图 3-165　"列表框"元件效果　　　图 3-166　"编辑列表框"对话框　　　图 3-167　列表框预览效果

用户可以在复选框上右击，在弹出的快捷菜单中选择"选中"命令，或者在"交互"面板的"复选框属性"选项组中勾选"选中"复选框，如图 3-169 所示。Axure RP 10 允许用户直接在复选框元件的正方形上单击将其设置为默认选中状态，如图 3-170 所示。

图 3-168　"复选框"元件效果　　　图 3-169　设置选中状态　　　图 3-170　单击设置为默认选中状态

用户可以在"样式"面板的"按钮"选项组中设置复选框的尺寸和对齐方式，如图 3-171 所示。左对齐和右对齐效果如图 3-172 所示。

6. 单选按钮

"单选按钮"元件允许用户在多个选项中选择一个选项。选择"单选按钮"元件，将其拖曳到页面中并进行设置，效果如图 3-173 所示。

为了实现单选按钮效果，必须将多个单选按钮同时选中，右击，在弹出的快捷菜单中选择"分配单选按钮组"命令，如图 3-174 所示。在弹出的"选项组"对话框中输入组名称，单击"确定"按钮，即可完成选项组的创建，如图 3-175 所示。

图 3-171　设置复选框的　　　图 3-172　两种对齐效果
　　　　　尺寸和对齐方式

图 3-173　"单选按钮"元件效果　　　图 3-174　选择"分配单选按钮组"命令　　　图 3-175　设置选项组名称

> **提 示**
>
> Axure RP 10 允许用户直接在单选按钮元件的圆形上单击将其设置为默认选中状态。

3.2.4 菜单和表格元件

Axure RP 10 为用户提供了实用的"菜单和表格"元件。用户可以使用该元件非常方便地制作数据表格和各种形式的菜单。"菜单和表格"元件主要包括树、传统表格、传统菜单 - 横向和传统菜单 - 纵向 4 个元件，如图 3-176 所示。

1. 树

"树"元件的主要功能是创建一个树状目录。选择"树"元件，将其拖曳到页面中，效果如图 3-177 所示。

单击元件前面的三角形，可将该树状菜单收起或打开，收起树状菜单如图 3-178 所示。双击单个选项可以修改选项文本，效果如图 3-179 所示。

图 3-176 "菜单和表格"元件

图 3-177 "菜单和表格"元件

图 3-178 收起树状菜单

图 3-179 修改选项文本效果

在"树"元件上右击，在弹出的快捷菜单中选择"添加"命令下的命令可以实现添加菜单的操作，如图 3-180 所示。

- 添加子菜单：选择该命令，用户可以在当前选中菜单下添加一个菜单。
- 在上方添加菜单：选择该命令，用户可以在当前菜单上方添加一个菜单。
- 在下方添加菜单：选择该命令，用户可以在当前菜单下方添加一个菜单。

用户如果想删除某一个菜单选项，可以在菜单选项上右击，在弹出的快捷菜单中选择"删除节点"命令，将当前菜单选项删除，如图 3-181 所示。

如果想要调整某个菜单选项的显示顺序和上下级，可以在菜单选项上右击，在弹出的快捷菜单中选择"移动"命令下的命令，实现移动菜单选项的操作，如图 3-182 所示。

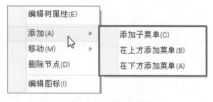

图 3-180 添加菜单

图 3-181 选择"删除节点"命令

图 3-182 移动菜单

- 上移：选择该命令，选中菜单将在同级菜单中向上移动一条。
- 下移：选择该命令，选中菜单将在同级菜单中向下移动一条。
- 升级：选择该命令，选中菜单将向上调整一级，如图 3-183 所示。
- 降级：选择该命令，选中菜单将向下调整一级，如图 3-184 所示。

选中"树"元件，右击，在弹出的快捷菜单中选择"编辑树属性"命令，如图 3-185 所示，弹出"树属性"对话框，如图 3-186 所示。也可以单击"样式"面板中的"编辑属性"链接，弹出"树属性"对话框。如图 3-187 所示。

图 3-183　升级菜单

图 3-184　降级菜单

图 3-185　选择"编辑树属性"命令

图 3-186　"树属性"对话框

图 3-187　"样式"面板

在"树属性"对话框中，用户可以将"显示展开 / 折叠图标"设置为"加号 / 减号"符号或"三角形"，也可以通过导入 9 像素 ×9 像素图片的方法，设置个性化的展开图标，如图 3-188 所示。勾选"显示图标（在树节点上使用菜单来导入图标）"复选框，将在菜单前显示图标，如图 3-189 所示。

选中"树"元件，右击，在弹出的快捷菜单中选择"编辑图标"命令或者单击"样式"面板中的"编辑图标"链接，用户可以在弹出的"树节点图标"对话框中导入一个 16 像素 ×16 像素的图片作为"仅当前节点"图标、"当前节点和所有同级节点"图标或"当前节点、所有同级节点和所有子节点"图标，如图 3-190 所示。图 3-191 所示为"仅当前节点"图标效果。

图 3-188　设置个性的展开图标

图 3-189　显示图标

图 3-190　"树节点图标"对话框

图 3-191　"仅当前节点"图标

树状菜单具有一定的局限性，若显示树节点上添加的图标，则所有选项都会自动添加图标，且元件的边框也不能自定义格式。如果想要制作更多效果，可以考虑使用动态面板。

2. 传统表格

使用表格元件可以在页面上显示表格数据。选择"传统表格"元件，将其拖曳到页面中，效果如图 3-192 所示。

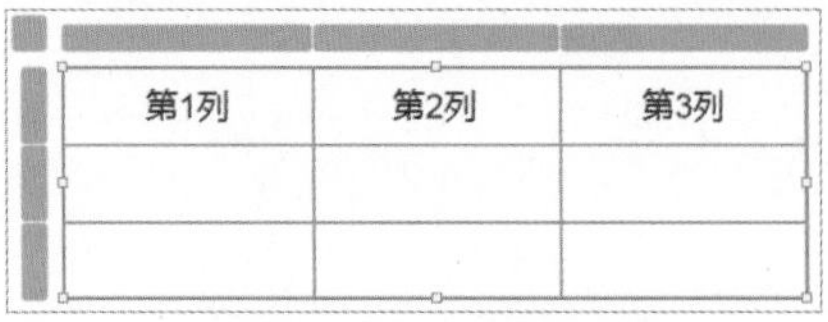

可以通过单击表格左上角的灰色圆角矩形快速选中整个表格，如图 3-193 所示。可以通过单击表格顶部或左侧的圆角矩形，快速选中整列或者整行，图 3-194 所示为选中表格的整列。

图 3-192 "传统表格"元件

图 3-193 选中整个表格

图 3-194 选中表格的整列

选择行或列后，可以在"样式"面板中为其指定"填充"和"线段"样式，也可以在工具栏中直接为其指定填充色、边框颜色和粗细，效果如图 3-195 所示。

用户如果想增加行或者列，可以在表格元件上右击，在弹出的快捷菜单中选择对应的命令，如图 3-196 所示。

图 3-195 表格样式效果

图 3-196 表格元件快捷菜单

- 选择行 / 选择列：选择该命令将选中一行或者一列。
- 在上方插入行 / 在下方插入行：选择该命令将在当前行的上方或下方插入一行。
- 在左侧插入列 / 在右侧插入列：选择该命令将在当前列的左侧或右侧插入一列。
- 删除行 / 删除列：选择该命令将删除当前所选行或列。

3. 水平菜单

使用水平菜单元件可以在页面上轻松制作水平菜单效果。

案例操作——制作水平菜单

源文件：源文件\第3章\制作水平菜单.rp　操作视频：视频\第3章\制作水平菜单.mp4

01 在"元件库"面板中选择"传统菜单-横向"元件，将其拖曳到页面中，效果如图 3-197 所示。

02 双击元件上的菜单名，修改菜单文本，如图 3-198 所示。在元件上右击，在弹出的快捷菜单中选择"编辑菜单边距"命令，在弹出的"菜单边距"对话框中设置边距的值，选择应用的范围，如图 3-199 所示。

图 3-197　"传统菜单 - 横向"元件效果　　　　图 3-198　修改菜单文本　　　　图 3-199　"菜单边距"对话框

03 单击"确定"按钮，效果如图 3-200 所示。选择水平菜单，可以在"样式"面板中为其指定"填充"颜色，选择单元格，为其设置"填充"颜色，如图 3-201 所示。

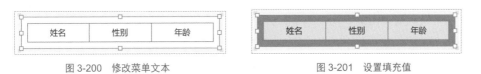

图 3-200　修改菜单文本　　　　　　　　图 3-201　设置填充值

04 如果希望添加菜单选项，可以在元件上右击，在弹出的快捷菜单中选择添加菜单项命令，如图 3-202 所示。在当前菜单的之前或者之后添加菜单，效果如图 3-203 所示。选择"删除菜单项"命令，即可删除当前菜单。

图 3-202　选择添加菜单项命令　　　　　　图 3-203　添加菜单效果

05 在元件上右击，在弹出的快捷菜单中选择"添加子菜单"命令，即可为当前单元格添加子菜单，效果如图 3-204 所示。使用相同的方法可以继续为子菜单添加子菜单，效果如图 3-205 所示。

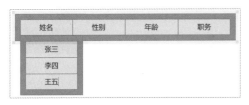
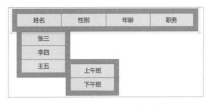

图 3-204　添加子菜单效果　　　　　　　图 3-205　继续添加子菜单效果

提　示

除了通过快捷菜单进行菜单填充设置，还可以在"样式"面板的"菜单填充"选项组中设置填充值。

项目1

项目2

项目3

图 3-206　"传统菜
单 - 纵向"元件效果

4. 传统菜单-纵向

使用"传统菜单 - 纵向"元件可以在页面上轻松制作纵向菜单效果。选择"传统菜单 - 纵向"元件,将其拖曳到页面中,效果如图 3-206 所示。"传统菜单 - 纵向"元件与"传统菜单 - 横向"元件的使用方法基本相同,此处就不再详细介绍了。

3.2.5　标记元件

Axure RP 10 中的标记元件主要用来帮助用户对产品原型进行说明和标注。标记元件主要包括横向箭头、纵向箭头、便签、圆形标记和水滴标记等,如图 3-207 所示。

1. 横向箭头和纵向箭头

使用箭头可以标注产品原型细节。Axure RP 10 提供了横向箭头和纵向箭头两种箭头元件。选择"横向箭头"和"纵向箭头"元件,将其拖曳到页面中,效果如图 3-208 所示。

选中箭头元件,可以在工具栏或"样式"面板中设置其图案、颜色、厚度和箭头样式,图 3-209 所示为设置箭头图案。图 3-210 所示为设置箭头样式。

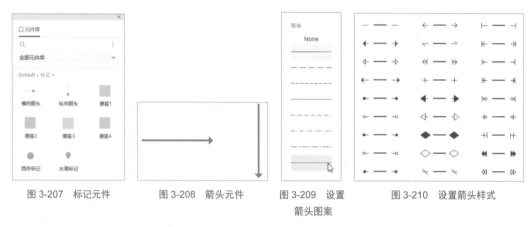

图 3-207　标记元件　　　图 3-208　箭头元件　　　图 3-209　设置
箭头图案　　　图 3-210　设置箭头样式

2. 便签

Axure RP 10 为用户提供了 4 种不同颜色的便签,以便用户在原型标注时使用。选择"便签"元件,将其拖曳到页面中,效果如图 3-211 所示。

选择"便签"元件,用户可以在工具栏或"样式"面板中对其填充和线段样式进行修改,如图 3-212 所示。双击元件,即可在元件内添加文本内容,效果如图 3-213 所示。

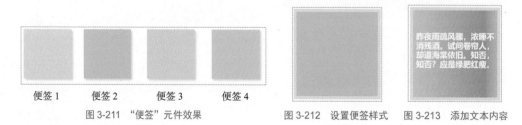

便签 1　　　便签 2　　　便签 3　　　便签 4

图 3-211　"便签"元件效果　　　图 3-212　设置便签样式　　图 3-213　添加文本内容

3. 圆形标记和水滴标记

Axure RP 10 为用户提供了两种不同形式的标记:圆形标记和水滴标记。选择"圆形标记"和"水滴标记"元件，将其拖曳到页面中，效果如图 3-214 所示。

圆形标记和水滴标记元件主要用于在完成的原型上进行标记说明。双击元件，可以为其添加文本，如图 3-215 所示。选中元件，可以在工具栏上修改其填充颜色、外部阴影、线宽、线段颜色、线段类型和箭头样式，修改后的效果如图 3-216 所示。

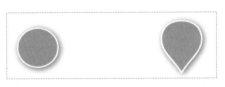

图 3-214　"圆形标记"和"水滴标记"元件效果

图 3-215　添加文本

图 3-216　修改样式效果

3.2.6　Flow（流程图）元件

Axure RP 10 中为用户提供了专用的流程图元件，用户可以直接使用这些元件快速完成流程图的设计制作。在默认情况下，流程图元件被保存在"元件库"面板的下拉列表中，如图 3-217 所示。选择 Flow（流程图）选项，即可将流程图元件显示出来，流程图元件如图 3-218 所示。

图 3-217　"元件库"面板的下拉列表

图 3-218　Flow（流程图）元件

案例操作——制作登录流程图

源文件：源文件＼第 3 章＼制作登录流程图 rp　操作视频：视频＼第 3 章＼制作登录流程图 .mp4

01 将"矩形"流程图元件拖曳到页面中，设置其样式如图 3-219 所示。双击元件，输入文本，效果如图 3-220 所示。

02 按 Ctrl 键的同时拖曳复制多个矩形元件并修改文本内容，设置效果如图 3-221 所示。单击工具栏上的"绘制元件间的连接线"按钮，将鼠标指针移动到第一个矩形元件下方，如图 3-222 所示。

图 3-219　设置矩形样式

图 3-220　输入文本效果

图 3-221　设置效果

03 在"样式"面板中单击"圆角折线"按钮，设置连接线的折线样式，如图 3-223 所示。

按住鼠标左键将其向下拖曳到底部矩形元件的上方，松开鼠标左键，连接线效果如图 3-224 所示。

图 3-222　将鼠标指针移动
到第一个举行元件下方

图 3-223　设置连接线折线样式

图 3-224　连接线效果

04 在工具栏中设置箭头样式，效果如图 3-225 所示。使用相同的方法创建下方的其余连接线，如图 3-226 所示。

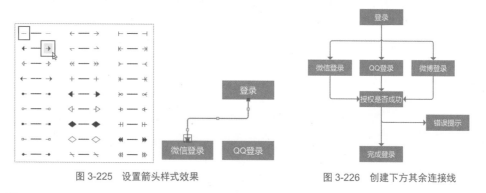

图 3-225　设置箭头样式效果

图 3-226　创建下方其余连接线

05 在图 3-227 所示的连接线中间位置双击并输入文本内容。完成登录流程图的制作，效果如图 3-228 所示。

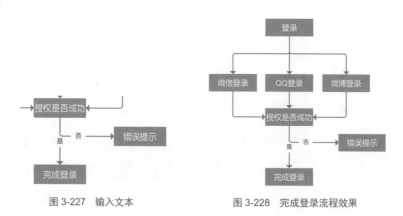

图 3-227　输入文本

图 3-228　完成登录流程效果

3.2.7　图标元件

Axure RP 10 为用户提供了很多美观实用的图标元件，用户可以直接使用这些元件快速完成产品原型的设计制作。默认情况下，图标元件被保存在"元件库"面板的下拉列表中，如图 3-229 所示。选择 Icons（图标）选项，即可将图标元件显示出来，图标元件如图 3-230 所示。

Axure RP 10 为用户提供了网页程序、可达性、手势、运输工具、性别、文件类型、加载中、表单控件、支付、图表、货币、文本编辑、方向、视频播放、品牌和医疗 16 种图标元件。

选中图标元件，将其拖曳到页面中，如图 3-231 所示。用户可以修改图标元件的填充和线段样式，以实现更丰富的图标效果，如图 3-232 所示。

图 3-231　选中图标元件将其拖曳到页面中

图 3-232　修改图标元件的填充和线段样式

图 3-229　"元件库"
面板的下拉列表

图 3-230　图标元件

3.2.8　Sample UI Patterns

Sample UI Patterns 元件库为用户提供了一些常用且附带简单交互的元件，按照应用场景被分为容器、导航和内容，如图 3-233 所示。

将"图表"元件拖曳到页面中，如图 3-234 所示。单击软件界面右上角的"预览"按钮，元件预览效果如图 3-235 所示。

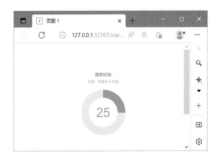

图 3-233　Sample UI
Patterns 元件库

图 3-234　"加载中"元件

图 3-235　预览效果

案例操作——制作幻灯片效果

源文件：源文件 \ 第 3 章 \ 制作幻灯片效果 rp　操作视频：视频 \ 第 3 章 \ 制作幻灯片效果 .mp4

01 在"元件库"面板中选择 Sample UI Patterns 元件库，将"容器"分类下的"幻灯片"元件拖曳到页面中，如图 3-236 所示。双击元件，单击顶部的"查看全部状态"按钮，如图 3-237 所示。

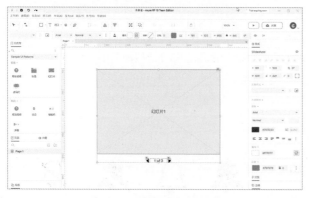

图 3-236 使用"幻灯片"元件

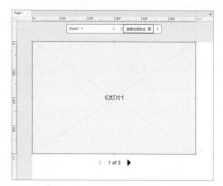

图 3-237 单击"查看全部状态"选项

02 将"图片"元件拖曳到"幻灯片 1"中并导入图片，效果如图 3-238 所示。继续使用相同的方法为其他幻灯片添加图片，效果如图 3-239 所示。

图 3-238 导入图片

图 3-239 为其他幻灯片添加图片

03 单击返回按钮←，元件效果如图 3-240 所示。单击软件界面右上角的"预览"按钮，"幻灯片"元件效果如图 3-241 所示。

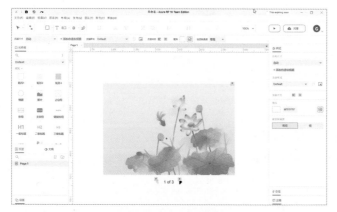

图 3-240 "幻灯片"元件效果

图 3-241 预览效果

3.2.9　Smeple Form Patterns

Sameple Form Patterns 元件库为用户提供了一些常用且交互相对复杂一些的交互组件，按照应用场景被分为按钮、输入、其他和示例表单，如图 3-242 所示。

将"个人信息表单"元件拖曳到页面中，如图 3-243 所示。单击软件界面右上角的"预览"按钮，元件预览效果如图 3-244 所示。

图 3-242　Sample Form
Patterns 元件库

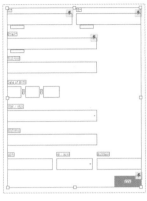

图 3-243　"个人信息表单"元件

图 3-244　预览效果

3.3　使用钢笔工具

除了使用"元件库"面板中的元件，用户还可以使用绘画工具绘制任意形状的图形元件。单击工具栏上的"钢笔工具"按钮或者按 Ctrl+Shift+P 组合键，如图 3-245 所示，在页面中单击即可开始绘制折线，如图 3-246 所示。

将鼠标指针移到页面另一处单击，即可完成一段直线路径的绘制，如图 3-247 所示。将鼠标指针移到页面另一处按下鼠标左键拖曳，即可绘制一段曲线路径，如图 3-248 所示。

图 3-245　单击"钢笔工具"按钮

图 3-246　绘制折线

图 3-247　完成一段
路径的绘制

图 3-248　完成一段
曲线路径

提　示

绘制不封闭路径过程中，按键盘上的任意键将终止路径的绘制。

使用相同的方法依次绘制后，将鼠标指针移到起始位置，如图 3-249 所示。单击即可封闭路径，完成图形元件的绘制，如图 3-250 所示。

选中元件，右击，在弹出的快捷菜单中选择"变换形状"→"曲线化所有控制点"命令，如图 3-251 所示，即可将元件所有锚点转换为曲线锚点，转换效果如图 3-252 所示。

右击，在弹出的快捷菜单中选择"变换形状"→"锐化所有控制点"命令，即可将元件所有锚点转换为折线锚点。

图 3-249　鼠标指针移动到
起始位置

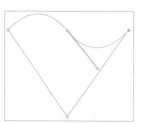

图 3-250　封闭路径完成
图形绘制

图 3-251　曲线连接
各点

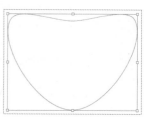

图 3-252　转换效果

图 3-253　双击转换曲线锚点

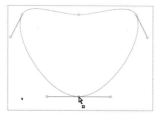

图 3-254　双击转换直线锚点

双击绘制的元件，进入编辑模式，将鼠标指针移动到曲线锚点上并双击，曲线锚点将转换为直线锚点，如图 3-253 所示。再次双击，直线锚点将转换为曲线锚点，如图 3-254 所示。

3.4　元件转换

为了实现更多的元件效果，便于原型的创建与编辑，Axure RP 10 允许用户将元件转换为其他形状和图片，并可以再次编辑。

3.4.1　转换为形状

将任意元件拖曳到页面中，如图 3-255 所示。在元件上右击，在弹出的快捷菜单中选择"选择形状"命令，弹出图 3-256 所示的面板。

选择任意一个形状图标，元件将自动转换为该形状，转换形状效果如图 3-257 所示。拖曳图形上的控制点，可以继续编辑形状，效果如图 3-258 所示。

图 3-255　将任意元件
拖曳到页面中

图 3-256　选择形状面板

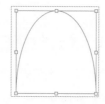

图 3-257　转换形状效果

图 3-258　编辑形状效果

用户也可以单击工具栏上的"矩形"按钮右侧的 按钮，在弹出的下拉列表中选择"形状"选项，如图 3-259 所示。在弹出的形状面板中选择一个形状，在页面中拖曳，即可绘制一个任意尺寸的形状，如图 3-260 所示。

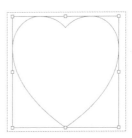

图 3-259　选择"形状"选项

图 3-260　绘制任意尺寸的形状

3.4.2　转换为图片

有时为了便于操作，会将元件转换为图片元件。在元件上右击，在弹出的快捷菜单中选择"变换形状"→"转换为图片"命令，如图 3-261 所示，即可将当前元件转换为图片元件，效果如图 3-262 所示。

图 3-261　转换为图片

提　示

转换为图片的元件会失去其原有的属性，新元件将作为一个图片元件使用。

图 3-262　转换为图片元件的效果

3.5　元件编辑

Axure RP 10 提供的基本元件并不能满足用户所有的制作需求，通过对元件进行编辑可以制作出更多符合产品原型项目要求的元件。

3.5.1　元件的组合和结合

为了便于操作与管理，页面中功能相同的元件会被组合在一起。选中多个元件，如图 3-263 所示，单击工具栏上的"组合"按钮 或按 Ctrl+G 组合键，也可右击，在弹出的快捷菜单中选择"组合"命令，即可将多个元件组合成一个元件，如图 3-264 所示。组合后的元件将作为一个整体参与编辑操作。双击组合元件，可进入组合内部层级，编辑和修改单个元件。

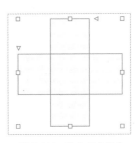

图 3-263　选中多个元件

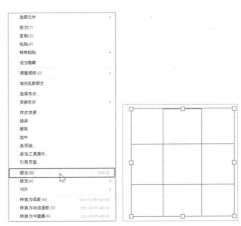

图 3-264　选择"组合"命令

图 3-265　选择"组合"命令

单击工具栏上的"取消组合"按钮⊞或按 Ctrl+Shift+G 组合键，也可右击，在弹出的快捷菜单中选择"取消组合"命令，即可取消组合，每个元件将作为单独的个体参与编辑操作。

一些特殊情况下，需要将相交元件的边框都显示出来，可以通过"组合"操作来完成。选择想要结合的元件，右击，在弹出的快捷菜单中选择"变换形状"→"组合"命令，即可将多个元件结合成一个元件，如图 3-265 所示。

提　示

结合后的元件将作为一个整体参与编辑操作。元件相交的位置将被自动添加锚点并显示边框效果。

3.5.2　编辑元件

Axure RP 10 为用户提供了更方便的编辑元件的方法。选中元件，单击工具栏上的"编辑控制点"按钮⊞或者按 Ctrl+Alt+P 组合键，也可以双击元件的边框，即可进入编辑控制点模式，如图 3-266 所示。

直接拖曳锚点，即可调整元件的形状，如图 3-267 所示。将鼠标指针移动到元件边框上，单击即可添加一个锚点。多次添加锚点并调整，效果如图 3-268 所示。

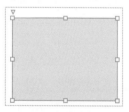　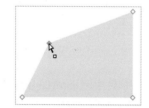　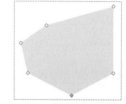

图 3-266　编辑控制点模式　　　　图 3-267　调整元件的形状　　　　图 3-268　多次添加锚点并调整的效果

在锚点上右击，弹出图 3-269 所示的快捷菜单。用户可以将锚点之间的线段转换为 Curve（曲线）、Sharpen（折线）或者删除当前锚点。选择 Curve 命令后，锚点将变成曲线锚点，如图 3-270 所示。

曲线锚点由两条控制轴控制弧度，拖曳控制点可以同时调整两条控制轴，实现对曲线形状的改变，如图 3-271 所示。按住 Ctrl 键的同时拖曳锚点，可以实现调整单条控制轴的操作，如图 3-272 所示。

　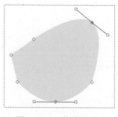　　

图 3-269　快捷菜单　　　图 3-270　曲线锚点　　　图 3-271　调整两条控制轴　　　图 3-272　调整单条控制轴

3.5.3　元件运算

通过对元件进行运算操作，可以获得更多图形效果。Axure RP 10 为用户提供了"合并""相减""相交""排除"4 种运算操作。

1. 合并

选中两个及以上元件，如图 3-273 所示。右击，在弹出的快捷菜单中选择"变换形状"→"合并"命令或者按 Ctrl+Alt+U 组合键，即可将所选元件合并成一个新的元件，如图 3-274 所示。

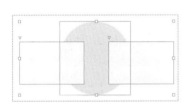
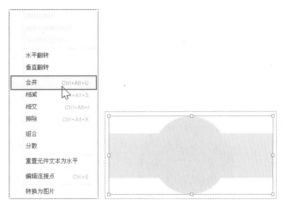

图 3-273　选中两个及以上的元件　　　　　　　　图 3-274　合并元件

2. 相减

选中两个及以上元件，右击，在弹出的快捷菜单中选择"变换形状"→"相减"命令，去除效果如图 3-275 所示。

3. 相交

选中两个及以上元件，右击，在弹出的快捷菜单中选择"变换形状"→"相交"命令，相交效果如图 3-276 所示。

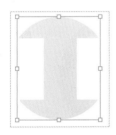
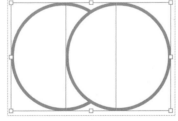

图 3-275　相减效果　　　　　　　　图 3-276　相交效果

4. 排除

选中两个及以上元件，右击，在弹出的快捷菜单中选择"变换形状"→"排除"命令，排除效果如图 3-277 所示。

除了选择快捷命令完成元件的运算，用户还可以通过单击"样式"面板中的运算按钮完成元件的运算操作。选中两个及以上元件后，"样式"面板中的运算按钮如图 3-278 所示。4 个按钮分别代表合并、相减、相交和排除 4 种运算操作。

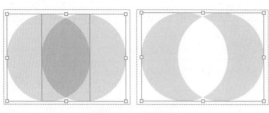

图 3-277　排除效果

图 3-278　4 个运算按钮

案例操作——制作八卦图标

源文件：源文件 \ 第 3 章 \ 制作八卦图标 rp　操作视频：视频 \ 第 3 章 \ 制作八卦图标 .mp4

01 新建一个 Axure 文件，将"椭圆"元件拖曳到页面中并修改其填充颜色为黑色，效果如图 3-279 所示。在"样式"面板中修改其尺寸为 200×200px，如图 3-280 所示。

图 3-279　创建元件并修改填充颜色

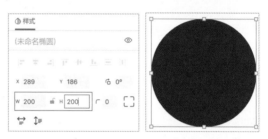

图 3-280　修改元件尺寸

02 将"矩形 1"元件拖入到页面中，调整到如图 3-281 所示的位置。同时将两个元件选中，单击"样式"面板中的"相减"按钮，效果如图 3-282 所示。

03 使用相同的制作方法，创建两个大小为 100×100px 的圆形并将其调整到合适的位置，效果如图 3-283 所示。选中顶部的圆形和底部的半圆，单击"样式"面板中的"合并"按钮，效果如图 3-284 所示。

图 3-281　创建元件并
调整位置

图 3-282　"相减"
操作效果

图 3-283　创建圆形

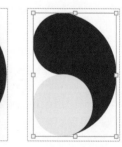

图 3-284　"合并"
操作效果

04 选中两个元件，单击"样式"面板中的"相减"按钮，效果如图 3-285 所示。再次创建一个 200×200px 的圆形，将边框设置为黑色并调整顺序和位置，效果如图 3-286 所示。

05 分别创建两个圆形元件，调整其填充颜色和位置，完成八卦图标的制作，效果如图 3-287 所示。

图 3-285 "相减"操作效果　　图 3-286 再次创建圆形并调整位置　　图 3-287 八卦图标效果

3.6 元件库的创建

在与其他 UI 设计师合作某个项目时，为保证项目的一致性和完成性，设计师需要创建一个自己的元件库。

3.6.1 新建元件库

选择"文件"→"新建元件库"命令，如图 3-288 所示，即可打开新建元件库工作界面，如图 3-289 所示。

图 3-288 新建元件库　　　　　　　　　图 3-289 新建元件库工作界面

新建元件库的工作界面和项目文件的工作界面基本一致。区别在于以下几点。

- 新建元件库工作界面的顶部位置显示当前元件库的名称，而不是当前文件的名称，如图 3-290 所示。
- "页面"面板变成"元件"面板，更方便新建与管理元件，如图 3-291 所示。
- "交互"面板中将显示新建元件的图标属性，如图 3-292 所示。用户可以为元件设置不同的尺寸以适用于不同屏幕尺寸的设备中。

图 3-290　显示当前元件库的名称　　图 3-291　"页面"面板变成"元件"面板　　图 3-292　"交互"面板

案例操作——创建图标元件库

源文件：源文件＼第 3 章＼创建图标元件库 rp　操作视频：视频＼第 3 章＼创建图标元件库 .mp4

01 选择"文件"→"新建元件库"命令，工作界面如图 3-293 所示。单击工具栏上的"矩形"按钮右侧的 图标，在弹出的下拉列表中选择"图片"选项，将图片素材插入页面，如图 3-294 所示。

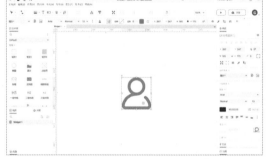

图 3-293　工作界面　　　　　　　　图 3-294　插入图片素材

02 在"元件库"面板中修改元件名称为"个人"，如图 3-295 所示。选择"文件"→"保存"命令，将元件库以"个人 .rplib"为文件名进行保存，如图 3-296 所示。

图 3-295　修改元件名称　　　　　　图 3-296　保存元件库

03 新建一个 Axure RP 10 文件，单击"元件库"面板上的"更多元件库选项"按钮，在弹出的下拉列表中选择"导入本地元件库"选项，如图 3-297 所示，在弹出的"打开"对话框中选择并打开"个人 .rplib"文件，如图 3-298 所示。

图 3-297　"导入本地元件库"命令　　　图 3-298　将"铃声"元件拖曳到页面中

04 "元件库"面板中将显示导入的元件库,如图 3-299 所示。选中"个人"元件,将其拖曳到界面中,效果如图 3-300 所示。

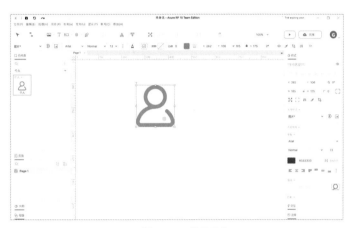

图 3-299　导入元件库　　　　　　　　图 3-300　使用元件

3.6.2　编辑元件库

选择新建元件库,单击"元件库"面板中搜索框右侧的"更多元件库选项"按钮 ⋮ ,如图 3-301 所示,在弹出的下拉列表中选择"编辑元件库"选项,如图 3-302 所示。

单击"元件"面板上的"添加元件"按钮 ⊡ ,添加一个名称为"美食"的元件,如图 3-303 所示。导入图片后,选择"文件"→"保存"命令,保存元件库文件,完成元件库的编辑,如图 3-304 所示。

图 3-301　单击"更多元件库　图 3-302　选择"编辑　图 3-303　编辑元件库　图 3-304　完成编辑
　　　　选项"按钮　　　　　　元件库"选项

在弹出的下拉列表中选择"移除元件库"选项,可删除当前选中的元件库。

3.6.3　添加图片文件夹

选择"元件库"面板在"更多元件库选项"下拉列表中选择"导入图片文件夹"选项，如图 3-305 所示。在弹出的"选择文件夹"对话框中选择文件夹，如图 3-306 所示。

单击"选择文件夹"按钮，即可将文件夹中的图片添加到"元件库"面板中，文件夹添加效果如图 3-307 所示。

图 3-305　选择"导入
图片文件夹"选项

图 3-306　选择文件夹

图 3-307　文件夹添加效果

3.7　使用外部元件库

在互联网上可以找到很多第三方元件库素材，Axure RP 10 允许用户载入并使用第三方元件库。

3.7.1　下载元件库

Axure 官方网站也为用户准备了很多实用的元件库。单击"元件库"面板上的"更多元件库选项"按钮，在弹出的下拉列表中选择"浏览在线元件库"选项，如图 3-308 所示，即可弹出 Axure 官方网站页面，如图 3-309 所示。

在页面中选择并下载 iOS 系统元件库，下载后的元件库文件扩展名为".rplib"，如图 3-310 所示。

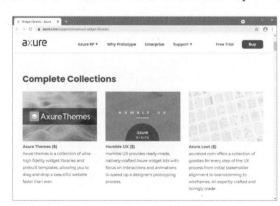

图 3-308　选择"浏览在线元件库"选项

图 3-309　Axure 官方网站页面

图 3-310　元件库文件

3.7.2　导入元件库

　　下载元件库文件后，单击"元件库"面板上的"更多元件库选项"按钮，在弹出的下拉列表中选择"导入本地元件库"选项，在弹出的"打开"对话框中选择下载的元件库文件，如图 3-311 所示。

　　单击"打开"按钮，打开的"元件库"面板效果如图 3-312 所示。将元件拖曳到页面中，如图 3-313 所示。

图 3-311　选择下载的元件库文件

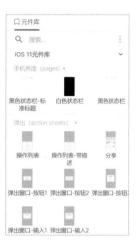

图 3-312　"元件库"面板效果

图 3-313　将元件拖曳到页面中

3.8　使用大纲面板

　　一个产品原型项目中通常会包含很多元件，元件之间会出现叠加或者遮盖，这就给用户的操作带来了麻烦。在 Axure RP 10 中，用户可以在"大纲"面板中管理元件，如图 3-314 所示。

　　"大纲"面板中将显示当前页面中所有的元件，单击面板中的元件选项，页面中对应的元件被选中；选中页面中的元件，面板中对应的选项也会被选中，如图 3-315 所示。

图 3-314　"大纲"面板

图 3-315　选中元件

　　单击面板右上角的"排序和过滤"按钮 ，弹出图 3-316 所示下拉列表，用户可以根据需要选择显示的内容。用户可以在面板顶部的搜索文本框中输入想要查找的元件名，找到想找的对象，如图 3-317 所示。

图 3-316　下拉列表

图 3-317　搜索元件

3.9　本章小结

　　本章中主要讲解了 Axure RP 10 中元件和元件库的使用方法和技巧，并针对每个默认元件进行了详细讲解，帮助读者理解和使用。通过学习，学生可以完成基本的页面制作和页面设置操作。本章还讲解了自定义元件库和使用第三方元件库的方法。通过对本章的学习，读者可以为后面深层次的学习打下基础。

第 4 章

元件的样式和母版

Axure RP 10 为元件提供了丰富的样式，用户可以利用元件样式制作出效果丰富且精美的页面效果。同时，制作产品原型的过程中，通常需要制作很多相同的页面，用户可以将这些相同的页面制作成为母版。当用户修改母版时，所有应用了母版的页面都会随之发生改变。本章将针对元件的样式和母版进行详细介绍，通过本章的学习，读者可以掌握元件样式和母版的使用方法和技巧，并能够熟练地应用到实际工作中。

本章知识点
- 掌握设置元件属性的方法。
- 掌握创建并应用页面样式的方法。
- 掌握创建并应用元件样式的方法。
- 掌握模板的概念。
- 掌握"母版"面板的使用方法。
- 掌握新建和编辑母版的方式。

4.1 元件属性

用户可以在"样式"面板中设置元件的各种属性，包括设置元件的基本属性、不透明度、排版、填充、边框、阴影和边距。

4.1.1 元件基本属性

"样式"面板顶部可以设置元件名、显示 / 隐藏元件、对齐 / 分布元件、元件坐标和尺寸、旋转元件、圆角半径和适应文本属性。

1. 元件名

为了方便管理元件、区分元件及在交互脚本中调用元件，通常会为页面中的元件指定一个名称。选中元件后，在"样式"面板顶部的文本框中单击即可为元件命名，如图 4-1 所示。

图 4-1　为元件命名

2. 显示/隐藏元件

单击"隐藏"按钮◎，将隐藏选中的元件；再次单击该按钮，将显示该隐藏元件。隐藏后的元件将显示为黄色，如图4-2所示。

也可以在工具栏中找到该按钮，其功能和操作方式与"样式"面板中的"隐藏"按钮一致，如图4-3所示。

图4-2 隐藏元件

图4-3 工具栏中的"隐藏"按钮

3. 对齐/分布元件

当设计制作的产品原型文档中有多个元件时，为了保证效果，通常需要选择对齐和分布操作。

图4-4 对齐按钮　　　　图4-5 对齐方式

选择两个或两个以上的元件，单击"样式"面板上的对齐按钮，快速完成对齐操作，如图4-4所示。也可以选择"布局"→"对齐"命令或者单击工具栏中的"对齐"按钮，在弹出的对齐菜单中选择需要的对齐方式，如图4-5所示。

- 左对齐：所选对象以顶部对象为参照，全部左对齐，如图4-6所示。
- 垂直居中：所选对象以顶部对象为参照，全部垂直居中对齐，如图4-7所示。
- 右对齐：所选对象以顶部对象为参照，全部右对齐，如图4-8所示。

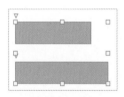　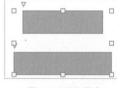　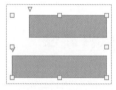

图4-6 左对齐　　　　图4-7 垂直居中　　　　图4-8 右对齐

- 顶端对齐：所选对象以左侧对象为参照，全部顶端对齐，如图4-9所示。
- 水平居中：所选对象以左侧对象为参照，全部水平居中对齐，如图4-10所示。
- 底端对齐：所选对象以左侧对象为参照，全部底端对齐，如图4-11所示。

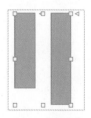　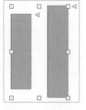　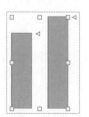

图4-9 顶端对齐　　　　图4-10 水平居中　　　　图4-11 底端对齐

选择 3 个以上的对象，单击"样式"面板上的分布按钮，快速完成分布操作，如图 4-12 所示。也可以选择"布局"→"分布"命令或者单击工具栏中的"分布"按钮 ⊪，在弹出的分布菜单中选择需要的分布方式，如图 4-13 所示。

图 4-12　分布按钮

图 4-13　分布对象

- 垂直分布：将选中的对象以上下两个对象为参照垂直均匀排列，如图 4-14 所示。
- 水平分布：将选中的对象以左右两个对象为参照水平均匀排列，如图 4-15 所示。

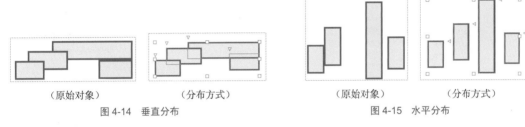

（原始对象）　　　　（分布方式）　　　　（原始对象）　　　　（分布方式）

图 4-14　垂直分布　　　　　　　　　图 4-15　水平分布

4. 元件坐标和尺寸

通过设置元件的坐标和尺寸，可以准确地控制元件在页面中的位置和大小，如图 4-16 所示。

用户可以在 X 文本框和 Y 文本框中输入数值，确定元件的坐标值。在 W 文本框和 H 文本框中输入数值，控制元件的尺寸。单击"锁定宽高比"按钮 🔒，当修改 W 文本框或 H 文本框的数值时，对应的 H 文本框或 W 文本框的数值将等比例改变。

图 4-16　位置和尺寸

> **提 示**
> 旋转元件设置、圆角半径设置和文本属性已在本书第 3 章中讲解，此处不再赘述。

4.1.2　不透明度

用户可以通过拖曳"不透明度"选项后面的滑块或者在文本框中手动输入数值来修改元件不透明度的数值，获得不同的不透明度的元件效果，如图 4-17 所示。

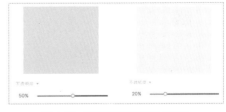

图 4-17　不同不透明度的元件效果

> **提 示**
> 在此处设置不透明度，将同时影响元件的填充和边框效果。如果元件内有文字，则文字也将受到影响。如果需要分开设置，用户可以在拾色器面板中设置不透明性。

4.1.3　排版

Axure RP 10 为文本提供了丰富的文本属性。在"样式"面板的"排版"选项组中可以完成对文本的字体、字形、字号、颜色、行间距和字间距等的设置，如图 4-18 所示。

图 4-18　排版属性

单击 Arial，可以在弹出的"WEB 安全字体"下拉列表中选择字体，如图 4-19 所示。单击 Normal，可以在弹出的下拉列表中选择适合的字形，如图 4-20 所示。

用户可以在字号文本框中输入数值来控制文本的字号大小，如图 4-21 所示。单击色块，可以在弹出的拾色器面板中设置文本的颜色，如图 4-22 所示。

图 4-19　选择字体 　　　图 4-20　选择字形

图 4-21　设置文本字号大小

图 4-22　设置文本颜色

1. 行距

使用"文本段落"元件时，可以通过设置行距控制段落显示的效果，在"排版"选项组的"行距"文本框输入数值即可，如图 4-23 所示。图 4-24 所示为行距 22 和 28 时的效果。

图 4-23　设置"行距"

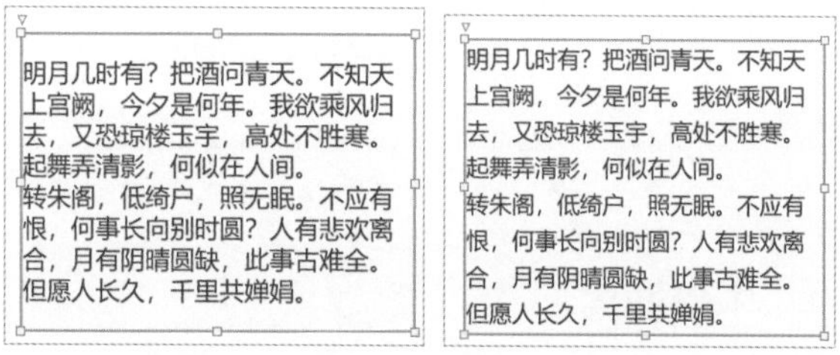

图 4-24　设置行距 22 和 28 时的效果

2. 对齐

当使用"标题"元件、"文本标签"元件和"文本段落"元件时，可以单击"排版"选项组中的对齐按钮，将文本的水平对齐方式设置为左侧对齐、居中对齐、右侧对齐和两端对齐，如图 4-25 所示。文本的垂直对齐方式可以设置为顶部对齐、中部对齐和底部对齐，如图 4-26 所示。

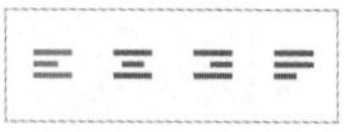

图 4-25　水平对齐 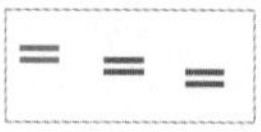　图 4-26　垂直对齐

3. 文本修饰

单击"更多文本选项"按钮，弹出图 4-27 所示的面板。用户可以在其中完成项目符号、粗体、斜体、下画线、删除线的设置。

单击"项目符号"按钮 ，会为段落文本添加项目符号标志。图 4-28 所示为添加项目符号的文本效果。

在页面中添加一级标题元件，在"附加文本选项"面板中单击"粗体"按钮，文本将加粗显示；单击"斜体"按钮，文本将斜体显示；单击"下画线"按钮，文本将添加下画线效果；单击"删除线"按钮，文本将添加"删除线"效果，如图 4-29 所示。

图 4-27　"文本修饰"面板

图 4-28　项目符号文本

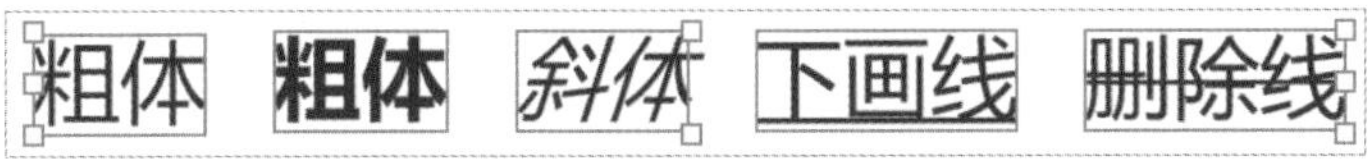

图 4-29　文本修饰选项

4. 基线/字母大小写/字符间距

用户可以在"基线"文本框中选择 Normal（常规）、Superscript（上标）和 Subscript（下标）选项，制作出图 4-30 所示的效果。用户可以在"字母大小写"文本框中选择 Normal（常规）、Uppercase（大写）或 Lowercase（小写）选项，如图 4-31 所示，完成后元件中的英文字母显示为相应效果。

图 4-30　文本基线

图 4-31　字母大小写

使用"标题"元件、"文本标签"元件和"文本段落"元件时，可以通过设置字间距控制文本的美观和对齐属性，字间距分别为 10 和 20 的效果如图 4-32 所示。

5. 文本阴影

单击"文字阴影"按钮，在打开的面板中勾选"阴影"复选框，可以为文本添加外部阴影，如图 4-33 所示。

图 4-32　设置不同字间距的效果

图 4-33　文字阴影效果

4.1.4　填充

在 Axure RP 10 中，用户可以使用"颜色"和"图片"两种方式填充，如图 4-34 所示。单击"颜色"色块，弹出拾色器面板，如图 4-35 所示。

1. 颜色填充

Axure RP 10 提供了单色、线性和径向 3 种填充类型，用户可以在拾色器面板单击选择不同的填充方式，如图 4-36 所示。

图 4-34　填充方式　　　　　　　图 4-35　拾色器面板　　　　　图 4-36　3 种填充类型

（1）单色

选择"单色"填充模式，用户可以在拾色器面板中图 4-37 所示的位置设置颜色值，获得想要的颜色。用户可以输入 Hex 数值和 RGB 数值两种模式的颜色值指定填充颜色，也可以使用吸管工具吸取想要的颜色作为填充颜色。

用户可以通过单击拾色器面板中的"色彩空间"或"颜色选择器"按钮，选择不同的方式填充颜色，如图 4-38 所示。

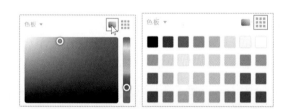

图 4-37　设置颜色值　　　　　　　　图 4-38　选择不同的方式填充颜色

- 颜色不透明度。用户可以拖曳滑块或者在文本框中输入数值设置颜色的半透明效果，如图 4-39 所示。滑块在最左侧或数值为 0% 时，填充颜色为完全透明；滑块在最右侧或数值为 100% 时，填充颜色为完全不透明。
- 收藏。单击拾色器面板"收藏"选项组中的"+"按钮，即可将当前所选元件的颜色收藏，如图 4-40 所示。在想要删除的收藏颜色上右击，在弹出的快捷菜单中选择"删除"命令，即可删除收藏颜色，如图 4-41 所示。

图 4-39　设置颜色的半透明效果　　　　图 4-40　收藏颜色　　　　图 4-41　删除收藏颜色

- 最近使用。为了便于用户比较使用，拾色器面板的"最近使用"选项组中保留着用户最近使用的 16 种颜色，如图 4-42 所示。
- 建议。当用户选择一种颜色后，在拾色器面板的"建议"选项组中将会提供 8 种颜色供用户搭配使用，如图 4-43 所示。

（2）线性

当用户选择"线性"填充时，用户可以在拾色器面板顶部的渐变条上设置线性填充的效果，渐变条如图 4-44 所示。

图 4-42　最近使用的颜色　　图 4-43　建议使用的颜色　　图 4-44　渐变条

默认情况下，线性渐变有两种颜色，用户可以通过分别单击渐变条两侧的锚点，设置颜色调整渐变效果，如图 4-45 所示。用户也可以在渐变条的任意位置单击，添加锚点，设置颜色，实现更为丰富的线性渐变效果，如图 4-46 所示。

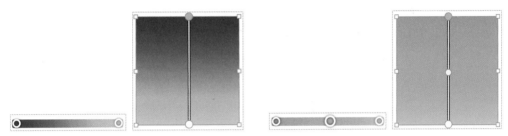

图 4-45　设置颜色调整渐变效果　　　　图 4-46　添加线性渐变颜色

按住鼠标左键拖曳锚点，可以实现不同比例的线性渐变填充效果，如图 4-47 所示。

单击选中渐变条中的锚点，按 Delete 键或者按住鼠标左键向下拖曳，即可删除锚点。

单击右侧的"旋转"按钮，可以顺时针 90°、180° 和 270° 旋转线性填充效果，如图 4-48 所示。

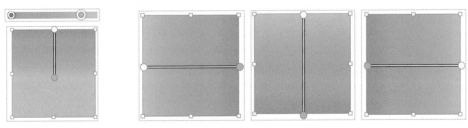

图 4-47　拖曳调整填充比例　　　　图 4-48　旋转线性填充效果

如果想要获得任意角度的线性渐变效果，可以直接单击并拖曳元件上的两个控制点，如图 4-49 所示。

（3）径向

当用户选择"径向"填充时，将实现从中心向外的填充效果，如图4-50所示。用户可以在拾色器面板顶部的渐变条上设置径向填充的效果，如图4-51所示。

图4-49　拖曳调整渐变角度　　　　　图4-50　径向填充　　　　　图4-51　设置填充效果

拖曳图4-52所示的锚点，可以放大或缩小径向渐变的范围。拖曳中心的锚点，能够调整径向渐变的中心点，如图4-53所示。拖曳图4-54所示的锚点，调整变形，能够实现变形径向渐变的效果。

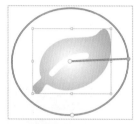

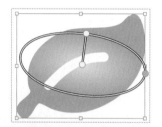

图4-52　调整范围　　　　　　图4-53　调整中心点　　　　　图4-54　调整变形

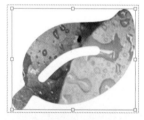

2. 图片填充

除了使用颜色填充元件，用户也可以使用图片填充元件。单击"设置图像"图标，弹出图4-55所示的面板。选择图片，设置对齐和重复方式，即可完成图片的填充，图片填充效果如图4-56所示。

图4-55　图片填充面板　　　图4-56　图片填充效果

提　示

　颜色填充和图片填充可以同时应用到一个元件上，图片填充效果会覆盖颜色填充效果。当图片填充采用透底图片素材时，颜色填充才能显示出来。

4.1.5　边框

用户可以在"样式"面板的"边框"选项组中设置边框的颜色和厚度，如图4-57所示。

选中元件，单击"颜色"色块，可以在弹出的拾色器面板中为线段指定单色和渐变颜色，如图4-58所示。将线宽设置为0时，线段设置的颜色将不能显示。

图4-57　设置线段属性

单击"更多边框选项"按钮，可以在弹出的"边框选项"面板中设置边框的图案、箭头和可见性，如图4-59所示。

图 4-58　为线段指定颜色

图 4-59　边框选项

1. 图案

Axure RP 10 提供了包括 None 在内的 9 种边框图案供用户选择，如图 4-60 所示。选择元件，单击"图案"下的文本框，在弹出的下拉列表中任意选择一种线段类型，如图 4-61 所示。

2. 可见性

元件通常有 4 个边框，用户可以通过设置"可见性"，有选择地显示元件的边框，实现更丰富的元件效果，如图 4-62 所示。图 4-63 所示为将矩形元件左侧的边框可见性设置为隐藏后的效果。

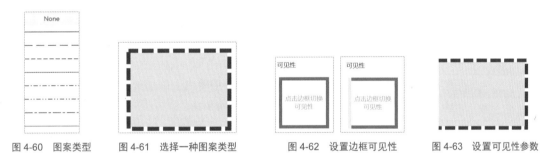

图 4-60　图案类型　　　图 4-61　选择一种图案类型　　　图 4-62　设置边框可见性　　　图 4-63　设置可见性参数

案例操作——实现下画线效果

源文件：源文件第 4 章 \ 实现下画线效果 .rp　　操作视频：视频 \ 第 4 章 \ 实现下画线效果 .mp4

01 将"文本标签"元件拖曳到页面中，修改文本内容并排列整齐，"文本标签"元件效果如图 4-64 所示。选中顶部文本标签，设置线宽为 3，颜色为绿色，如图 4-65 所示。

02 单击"更多边框选项"按钮，设置边框"可见性"，如图 4-66 所示。效果如图 4-67所示。

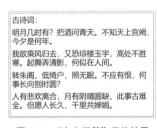

图 4-64　"文本标签"元件效果

图 4-65　设置边框颜色和厚度

图 4-66　设置边框"可见性"

03 选中第二个文本标签，设置线宽为 2，颜色为红色，设置边框"可见性"，如图 4-68 所示，效果如图 4-69 所示。

古诗词：

明月几时有？把酒问青天。不知天上宫阙，今夕是何年。

我欲乘风归去，又恐琼楼玉宇，高处不胜寒。起舞弄清影，何似在人间。

转朱阁，低绮户，照无眠。不应有恨，何事长向别时圆？

人有悲欢离合，月有阴晴圆缺，此事古难全。但愿人长久，千里共婵娟。

图 4-67　边框效果

图 4-68　设置边框"可见性"

古诗词：

明月几时有？把酒问青天。不知天上宫阙，今夕是何年。

我欲乘风归去，又恐琼楼玉宇，高处不胜寒。起舞弄清影，何似在人间。

转朱阁，低绮户，照无眠。不应有恨，何事长向别时圆？

人有悲欢离合，月有阴晴圆缺，此事古难全。但愿人长久，千里共婵娟。

图 4-69　边框效果

04 使用相同的方法完成其他几个文本标签下画线的制作，如图 4-70 所示。拖曳调整每个文本标签的长度，如图 4-71 所示。

3. 箭头

使用"垂直线"和"水平线"元件时，用户可以在"样式"面板的"线段"选项组中单击"箭头样式"按钮，在打开的面板中为线条设置左右或上下箭头样式，如图 4-72 所示。

图 4-70　完成其他下画线的制作

图 4-71　调整文本标签长度

图 4-72　设置箭头样式

4.1.6　阴影

Axure RP 10 为用户提供了"外阴影"和"内阴影"两种阴影属性。

1. 外阴影

勾选"阴影"选项组中的"启用"复选框，即可为选中元件增加外阴影效果，如图 4-73 所示。

用户可以设置外阴影的颜色、偏移和模板属性。偏移值为正值时，阴影在元件的右侧；偏移值为负值时，阴影在元件的左侧。模糊值越高，阴影羽化效果越明显，添加外阴影效果如图 4-74 所示。

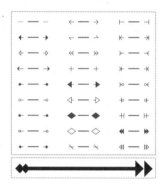

图 4-73　外部阴影对话框　　图 4-74　外部阴影效果

2. 内阴影

单击"内阴影选项"按钮，在弹出的"内阴影"面板中勾选"启用"复选框，即可为选中元件增加内阴影效果，如图 4-75 所示。

用户可以设置内阴影的颜色、偏移、扩展和模糊属性，实现更多丰富的内阴影效果，通过设置扩展值，将获得图 4-76 所示内部阴影效果。

图 4-75　内部阴影对话框

图 4-76　内部阴影效果

提 示

　　用户通过设置颜色、偏移、模糊和扩展属性，可以实现更丰富的内部阴影效果。通过设置"扩展"参数，可以获得不同范围的内阴影效果。

4.1.7　边距

　　当用户在元件中输入文本时，为了获得好的视觉效果，Axure RP 10会默认添加 2 像素的边距，如图 4-77所示。通过修改"样式"面板中"边距"的数值，实现对文本边距的修改，如图 4-78 所示。

图 4-77　默认边距

图 4-78　设置边距数值

提 示

　　用户可以分别设置左侧、顶部、右侧和底部的边距，实现丰富的元件效果。

4.2　创建和管理样式

　　一个原型作品通常由很多页面组成，每个页面又由很多元件组成。逐个设置元件样式既费力又不便于修改。Axure RP 10 为用户提供了页面样式和元件样式，既方便用户快速添加样式又便于修改。

4.2.1　创建页面样式

　　在页面的空白处单击，"样式"面板中显示当前页面的样式为 Default，如图 4-79 所示。单击"管理页面样式"按钮，在弹出的"页面样式管理"对话框中可以看到默认样式的各项参数，如图 4-80 所示。

　　用户可以在该对话框中对页面的页面对齐、颜色、图片、图片对齐、

图 4-79　默认页面样式

图 4-80　"页面样式管理"对话框

重复和低保真度样式进行设置。

4.2.2　创建元件样式

　　将"椭圆"元件拖曳到页面中，"样式"面板中显示其元件样式默认为 Ellipse，如图 4-81 所示。单击"管理元件样式"按钮 ⓡ，弹出"元件样式管理"对话框，对话框左侧为 Axure RP 10 默认提供的元件样式，右侧是元件样式对应的样式属性，如图 4-82 所示。

图 4-81　元件样式　　　　　　　　　　　　图 4-82　"元件样式管理"对话框

> **提　示**
>
> 　　选中元件，用户除了可以在"样式"面板中应用和管理元件样式，还可以在工具栏的最左侧位置应用和管理样式。

　　勾选"填充颜色"复选框，修改填充颜色为蓝色，如图 4-83 所示，即可完成元件样式的编辑修改。单击"确定"按钮，默认的"图形"元件将变成蓝色，样式修改效果如图 4-84 所示。

图 4-83　修改填充颜色　　　　　　　　　　　图 4-84　样式修改效果

案例操作——创建并应用样式
源文件：源文件第 4 章\创建并应用样式 .rp　操作视频：视频\第 4 章\创建并应用样式 .mp4

01 使用元件制作图 4-85 所示的页面效果。选中任一元件，单击工具栏左侧的"管理元件样式"按钮，在弹出的"元件样式管理"对话框顶部单击"新样式"按钮，新建一个元件样式，如图 4-86 所示。

图 4-85　使用元件创建页面效果　　　　图 4-86　"元件样式管理"对话框

02 修改样式名称为"标题 16"，在对话框右侧设置样式各项参数，如图 4-87 所示。单击顶部的"复制"按钮，复制"标题 16"样式并将新样式名称修改为"标题 14"，并设置各项参数，如图 4-88 所示。

图 4-87　修改字体和字号

图 4-88　复制元件样式

03 单击顶部的"添加"按钮，新建一个名称为"正文 12"的样式并设置其样式参数，如图 4-89 所示。单击"确定"按钮，完成样式的设置。

04 分别对 3 个元件应用 3 个新建样式，并拖曳调整"文本标签"元件边框，效果如图 4-90 所示。

标题元件和文本元件应用新样式后，"样式"面板中样式名称后会出现一个"*"图标，如图 4-91 所示。单击工具栏左侧的"更新或创建样式"按钮 ⊃，在弹出的下拉列表中选择 Update Style（更新样式）选项，如图 4-92 所示，即可将原文本元件样式替换为新样式，"*"图标同时消失，如图 4-93 所示。

图 4-89　新建元件样式

图 4-90　应用元件样式效果

图 4-91　为元件应用样式

图 4-92　更新样式

图 4-93　替换为新样式

图 4-94　"元件样式管理"对话框

4.2.3　编辑样式

样式创建完成后，如果需要修改样式，可以再次单击"管理元件样式"按钮，在"元件样式管理"对话框中编辑样式，如图 4-94 所示。

+添加：单击该按钮，将新建一个新的样式。

复制：单击该按钮，将复制选中的样式。

×删除：单击该按钮，将删除选中的样式。

↑上移 / ↓下移：单击该按钮，所选样式将向上或向下移动一级。

从选中的元件复制样式属性：单击该按钮，将复制当前样式的属性到内存中，选择另一个样式，再次单击该按钮，将会使用复制的属性替换该样式的属性。

提　示

　　一个样式可能被同时应用在多个元件上，当修改了该样式的属性后，应用了该样式的元件将同时发生变化。

4.2.4　格式刷

格式刷的主要功能是将元件样式或修改后的元件样式快速应用到其他元件上。选择"编辑"→"格式刷"命令，弹出"格式刷"对话框，如图 4-95 所示。

使用图片元件和按钮元件制作图 4-96 所示的原型，选中第一个按钮，为其设置样式，如图 4-97 所示。

图 4-95　"格式刷"对话框　　　　图 4-96　制作原型　　　　图 4-97　设置样式

选择"编辑"→"格式刷"命令，弹出"格式刷"对话框，选择第二个按钮，单击该对话框底部的"应用"按钮，如图 4-98 所示，即可将第一个按钮的样式指定给元件，效果如图 4-99 所示。

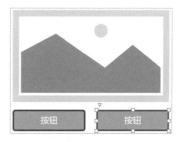

图 4-98　应用格式刷　　　　　　　　图 4-99　按钮效果

> **提　示**
>
> 还可以使用"格式刷"命令快速为个别元件指定特殊的样式。需要注意的是，无论是定义的样式还是格式刷样式，通常都只能应用到一个完整的元件上，不能只应用到元件的局部。

4.3 母版的概念

图 4-100 "母版"面板

母版是指原型项目页面中一些重复出现的元素。可以将重复出现的元素定义为母版，供用户在不同的页面中反复使用，类似于 PPT 设计制作中的母版功能。Axure RP 10 的母版通常被保存在"母版"面板中，如图 4-100 所示。

一个 App 原型项目中包含很多页面，每个页面的内容都不相同。由于系统的要求，每个页面中都必须包含状态栏、导航栏和标签栏，如图 4-101 所示。

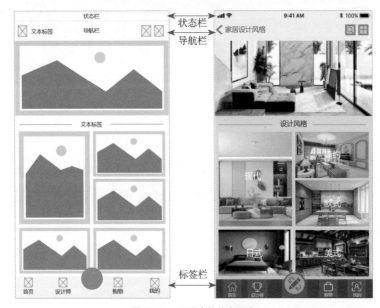

图 4-101 页面中的共有元素

一般情况下，可以将一个页面中的以下部分制作成母版：

- 页面导航。
- 网站顶部，包括网站状态栏和导航栏。
- 网站底部，通常指页面的标签栏。
- 经常重复出现的元件，如分享按钮。
- Tab 面板切换的元件，在不同的页面中，同一个 Tab 面板有不同的呈现。

4.4 新建和编辑母版

在 Axure RP 10 中，母版文件通常被保存在"母版"面板中，如图 4-102 所示。用户在"母版"面板中可以完成添加母版、添加文件夹和搜索母版等操作。

图 4-102　"母版"面板

4.4.1　新建母版

单击"母版"面板右上角的"添加母版"按钮▢，即可新建一个母版文件，如图 4-103 所示。用户可以同时新建多个母版文件并为其重命名，如图 4-104 所示。

在母版文件上右击，在弹出的快捷菜单中选择"添加"选项下的命令，即可完成新建母版文件夹、在当前母版文件上方添加母版、在当前母版文件下方添加母版和添加子级母版操作，如图 4-105 所示。

图 4-103　单击"添加
母版"按钮

图 4-104　新建多个母版
文件

图 4-105　快捷菜单

在母版文件上右击，在弹出的快捷菜单中选择"移动"选项下的命令，能够完成对母版文件的上移、下移、降级操作，如图 4-106 所示。用户还可以利用快捷菜单中的命令完成删除、剪切、复制、粘贴、重命名或创建副本操作，如图 4-107 所示。

同一个项目中可能会有多个母版，为了方便母版的管理，用户可以通过新建文件夹将同类或相同位置的母版分类管理。

单击"母版"面板右上角的"添加文件夹"按钮▢或者在元件上右击，在弹出的快捷菜单中选择"添加"→"文件夹"命令，即可在面板中新建一个文件夹，如图 4-108 所示。

图 4-106　移动元件　　　图 4-107　快捷菜单　　　　　　图 4-108　添加母版文件夹

案例操作——新建 iOS 系统布局母版

源文件：源文件第 4 章 \ 新建 iOS 系统布局母版 .rp　操作视频：视频 \ 第 4 章 \ 新建 iOS
系统布局母版 .mp4

01 新建一个文件，单击"母版"面板右上角的"添加母版"按钮，添加一个母版并将其
命名为"状态栏"，如图 4-109 所示。

02 双击进入母版编辑页面，在"元件库"面板中打开"iOS 11 元件库"文件，将"系统
状态栏"选项下的"黑"元件拖曳到页面中，如图 4-110 所示。

图 4-109　添加母版

图 4-110　创建"导航栏"母版

03 在"母版"面板中再次新建名为"导航栏"的母版文件，如图 4-111 所示。在"元件"
面板中将"标题栏"选项下的"标准 - 页面标题"元件拖曳到页面中，如图 4-112 所示。

图 4-111　添加"导航栏"母版

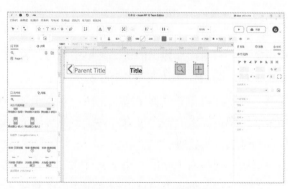

图 4-112　创建"导航栏"母版

04 继续使用相同的方法，完成"标签栏"母版的制作，如图 4-113 所示。

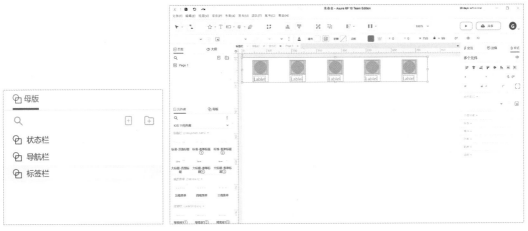

图 4-113　添加和创建"标签栏"母版

05 在"母版"面板中新建一个名称为"结构"的母版，如图 4-114 所示。拖曳调整母版文件的层级，如图 4-115 所示。

06 将"状态栏"和"导航栏"母版文件拖曳到页面中并排列，如图 4-116 所示。

图 4-114　添加"结构"母版

图 4-115　调整母版文件的层级

图 4-116　将"状态栏"和"导航栏"母版
文件拖曳到页面中并排列

07 在"母版"面板中选中"标签栏"母版文件，将其拖曳到页面中，如图 4-117 所示。在"样式"面板中设置其坐标，如图 4-118 所示。

08 双击"页面"面板中的"Page1"文件，在"样式"面板的"页面尺寸"下拉列表中选择"自定义设备"选项，设置页面宽度和高度，如图 4-119 所示。将"结构"母版文件从"母版"面板拖曳到页面中，母版应用效果如图 4-120 所示。

图 4-117　将"标签栏"
母版文件拖曳到页面中

图 4-118　"样式"面板设置其坐标

图 4-119　设置宽度和高度

图 4-120　使用母版文件

4.4.2　编辑和转换母版

双击"母版"面板中的母版文件，即可进入母版文件编辑页面，在页面标签栏中会显示当前编辑母版的名称，如图 4-121 所示。用户可以使用"元件库"面板中的各种元件创建母版页面，如图 4-122 所示。

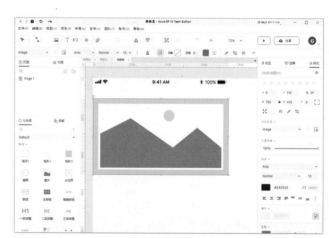

图 4-121　显示当前编辑母版的名称

图 4-122　创建母版页面

母版页面创建完成后，选择"文件"→"保存"命令，将母版文件保存后，即可完成母版文件的编辑操作。

提　示

应用到页面中的母版文件，将显示为半透明的红色遮罩效果。

除了可以通过新建母版的方式创建母版文件，Axure RP 10 还允许用户将制作完成的页面直接转换为母版文件。

案例操作——将卡片标签转换为母版

源文件：源文件第 4 章\将卡片标签转换为母版 .rp　操作视频：视频\第 4 章\将卡片标签转换为母版 .mp4

新建一个 Axure RP 10 文件。使用元件制作图 4-123 所示的页面。拖曳选中页面中所有元件，右击，在弹出的快捷菜单中选择"转换为母版"命令或者选择"布局"→"转换为母版"命令，如图 4-124 所示。

图 4-123　使用元件制作页面

图 4-124　转换为母版

在弹出的"创建母版"对话框中设置母版名称，如图 4-125 所示。设置完成后单击"继续"按钮，即可完成母版的转换，转换好的母版文件将显示在"母版"面板中，如图 4-126 所示。

图 4-125　设置母版名称

图 4-126　完成母版的转换

4.4.3　查找母版

当"母版"面板中包含很多母版文件时，单击"母版"面板顶部的"搜索"按钮或搜索框，如图 4-127 所示。在文本框中输入要查找的母版文件名称，即可快速查找到该母版文件，如图 4-128 所示。

4.4.4　删除母版

对于拖曳到页面中的母版，选中后直接按 Delete 键，即可将其删除。在"母版"面板中，选

图 4-127　搜索框

图 4-128　搜索母版文件

中想要删除的母版，按 Delete 键或者右击，在弹出的快捷菜单中选择"删除"命令，即可删除当前母版文件。

4.5 使用母版

完成母版的创建后，用户可以通过多种方法将母版应用到页面中，当修改母版内容时，应用该母版的页面也会随之发生变化。

4.5.1 拖放方式

用户可以通过拖曳的方式，将母版文件拖曳到页面中。双击"页面"面板中的一个页面，进入编辑状态。在"母版"面板中选择一个母版文件，将其直接拖曳到页面中，如图 4-129 所示，即可使用母版。

图 4-129 拖曳应用母版

图 4-130 快捷菜单

图 4-131 任意放置拖放方式图标

使用直接拖曳的方式应用母版，Axure RP 10 提供了 3 种不同的方式。在"母版"面板的母版文件上右击，弹出图 4-130 所示的快捷菜单。用户可以在"拖放设置"选项下选择"任意放置""锁定到母版中所在位置""从母版中脱离" 3 种拖放方式。

1. 任意放置

任意放置方式是母版的默认拖放方式，是指将母版拖曳到页面中的任意位置。当修改母版文件时，页面中所有引用该母版的母版实例会同步更新，只有坐标不会同步更新。任意放置拖放方式母版文件图标显示如图 4-131 所示。

默认情况下使用拖曳的方式将母版放置于页面，选择的都是"任意放置"命令。用户可以在页面中随意拖动母版文件到任何位置，且用户只能更改母版实例的位置，不能设置其他参数，如图 4-132 所示。

用户可以在"交互"面板中对母版实例的"文本""按钮""图片"元件进行"样式覆盖"操作，如图 4-133 所示。

用户可以直接在"按钮"文本框和"文本"文本框中输入内容，替换母版实例元件中的文本；单击"选择图片"按钮，可以替换"图片"元件中的图片，重写效果如图 4-134 所示。

图 4-132　不能设置参数　　　图 4-133　样式覆盖母版　　　图 4-134　样式覆盖母版效果

2. 锁定到母版中所在位置

"锁定到母版中所在位置"是指将母版拖曳到页面中后，母版实例中元素的位置会自动"继承"母版页面中元素的位置，不能修改。用户对母版文件所做的修改会立即更新到原型设计母版实例中。在更改行为后，母版文件图标改变为如图 4-135 所示。

图 4-135　锁定到母版中所在位置方式图标

在"家居设计卡片"母版文件上右击，在弹出的快捷菜单中选择"拖放设置"→"锁定到母版中所在位置"命令，如图 4-136 所示。再次将"家居设计卡片"母版文件拖入页面中，如图 4-137 所示。

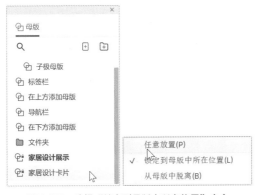

图 4-136　选择"锁定到母版中所在位置"命令

图 4-137　所在位置行为

母版元件四周出现红色的线条，代表当前元件为固定位置母版。该母版将固定在（x:0，y:0）的位置，不能移动。双击该元件，即可进入"热门车型展示"母版文件中，用户可以对其进行再次编辑。保存后，页面中的母版元件将同时发生变化。

采用"锁定到母版中所在位置"拖曳到页面中的母版元件，默认情况下为锁定状态。右击，在弹出的快捷菜单中选择"锁定"→"解锁位置和尺寸"命令，弹出图4-138所示的对话框。根据提示，用户可以在母版元件上右击，在弹出的快捷菜单中选择"从母版中脱离"命令，如图4-139所示，即可脱离母版，自由移动。

提 示

脱离母版后的母版实例将单独存在，不再与母版文件有任何关联。

3. 从母版中脱离

从母版中脱离是指将母版拖曳到页面中后，母版实例自动脱离母版，成为独立的内容。可以再次编辑，而且修改母版对其不再有任何影响。更改后，母版图标改变，如图4-140所示。

图4-138 "提示"对话框

图4-139 选择"从母版中脱离"命令

图4-140 从母版中脱离方式图标

图4-141 选择
命令

图4-142 "添加母版到页面"
对话框

4.5.2 添加到页面中

除了采用拖曳的方式应用母版，还可以通过"添加到页面"命令使用母版。在母版文件上右击，在弹出的快捷菜单中选择"添加到页面"命令，如图4-141所示，弹出"添加母版到页面"对话框，如图4-142所示。

用户可以在对话框的上方选择想要添加母版的页面，如图4-143所示。可以同时选择多个页面添加母版，如图4-144所示。

在对话框上方有4个按钮，可以帮助用户全选、全部取消、选择子页面或取消选择子页面，如图4-145所示。

图4-143 选择想要添加母版的页面

图4-144 同时选择多个页面添加母版

图4-145 4个选择按钮

- 全选：单击该按钮，将选中所有页面。
- 全部取消：单击该按钮，将取消选中所有页面。
- 选择子页面：单击该按钮，将选中所有子页面。
- 取消选择子页面：单击该按钮，将取消选中所有子页面。

用户可以选择"锁定到母版中所在位置"单选按钮，将母版添加到指定的位置，也可以通过指定坐标为母版指定新的位置，如图 4-146 所示。

勾选"置底"复选框，当前母版将会添加到页面的底层，如图 4-147 所示。

图 4-146　设置位置　　　　　　　　　图 4-147　勾选"置底"复选框

提　示

用户如果勾选了"仅添加到未包含此母版的页面"复选框，则只能为没有该母版的页面添加母版。

4.5.3　从页面移除

用户可以一次性移除多个页面中的母版。在"母版"面板中选择要移除的母版文件，右击，在弹出的快捷菜单中选择"从页面移除"命令，如图 4-148 所示。弹出"从页面移除母版"对话框，如图 4-149 所示。

在对话框中选择想要移除母版实例的页面，单击"确定"按钮，即可完成在指定页面移除母版的操作。

图 4-148　选择命令　　图 4-149　"从页面移除母版"对话框

提　示

通过"添加到页面"和"从页面移除"命令添加或删除母版的操作是无法通过"撤销"命令撤销的，需要重新操作。

4.6 母版使用报告

为了便于查找和修改母版，Axure RP 10 提供了母版的使用情况供用户参考。在"母版"面板上选择需要查看的母版，右击，在弹出的快捷菜单中选择"使用报告"命令，如图 4-150 所示。弹出的"母版使用报告"对话框中将显示使用了当前母版的页面，如图 4-151 所示。

图 4-150　选择命令　　　图 4-151　"母版使用报告"对话框

在"母版使用报告"对话框中可以查看应用当前母版的母版文件和页面文件，选择对话框中的选项并单击"确定"按钮，即可快速进入相应母版或页面。

提　示

使用"从母版中脱离"方式拖入页面的母版，将不被认为使用了母版，不会显示在"母版使用报告"对话框中。

4.7 本章小结

本章主要对 Axure RP 10 中元件样式的设置与管理进行了讲解，同时讲解了母版的创建和使用方法，帮助读者掌握 Axure RP 10 中元件的属性设置方法和技巧，能帮助读者掌握页面样式和元件样式的创建、管理与使用方法，同时帮助读者掌握母版的创建与编辑方法，并能够将母版应用到实际的工作中。通过对本章的学习，可以为后面深层次的学习打好基础。

第 5 章

交互设计

在整个项目制作过程的前期，产品经理必须向客户或设计师讲解产品的整体用户体验，让他们从线框图开始就参与到整个项目的设计中。通常情况下，客户和设计师不喜欢静态说明的线框图，因为他们必须根据线框图想象一些预期功能的交互状态。本章将讲解 Axure RP 10 创建交互的方法，通过本章的学习，读者可以掌握 Axure RP 10 创建交互设计的方法和技巧，并能够熟练地应用到实际工作中。

本章知识点

- 掌握交互面板的使用方法。
- 掌握为页面添加交互的方法。
- 掌握为元件添加交互的方法。
- 掌握局部变量和全局变量的使用方法。
- 掌握设置条件的方法。
- 掌握表达式的使用方法。
- 掌握中继器动作的使用方法。
- 掌握常见函数的使用方法。

5.1 了解交互面板

按照应用对象的不同，Axure RP 10 中的交互可以分为页面交互和元件交互两种。在未选中任何元件的情况下，用户可以在"交互"面板中添加页面的交互效果，如图 5-1 所示。

选择一个元件，用户可以在"交互"面板中添加元件的交互效果，如图 5-2 所示。为了便于在添加交互效果的过程中管理元件，用户应在"交互"面板顶部为元件指定名称，如图 5-3 所示。

> **提 示**
>
> 用户在"交互"面板中为元件指定名称后，"样式"面板顶部也将显示该元件名称。同样，在"样式"面板中设置的元件名称也将显示在"交互"面板中。

图 5-1　添加页面的交互效果

图 5-2　添加元件的交互效果

图 5-3　为元件指定名称

单击"新增交互"按钮，用户可以在弹出的"交互"面板中为页面或者元件选择交互触发的事件，如图 5-4 所示。单击"交互"面板上的"交互编辑器"按钮，弹出"交互编辑器"对话框，如图 5-5 所示。Axure RP 10 中的所有交互操作都可以在该对话框中完成。

图 5-4　选择交互触发的事件

图 5-5　"交互编辑器"对话框

元件"交互"面板底部有两种常用交互按钮，如图 5-6 所示。单击某个按钮即可快速完成元件交互的制作，如图 5-7 所示。

图 5-6　常用交互按钮

图 5-7　制作元件交互

5.2 添加页面交互

将页面想象成舞台，页面交互事件就是在幕布拉开的时刻向用户呈现的效果。需要注意的是，在原型中创建的交互命令由浏览器来选择，也就是说，页面交互效果需要"预览"才能看到。

在页面中空白位置单击，然后单击"交互"面板中的"新增交互"按钮或者打开"交互编辑器"对话框，可以看到页面触发事件，如图 5-8 所示。

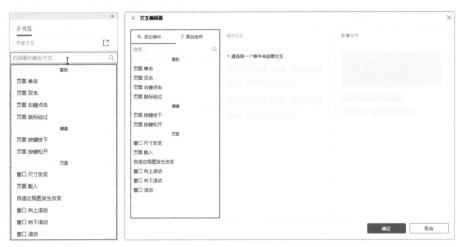

图 5-8　页面触发事件

触发事件可以理解为产生交互的条件，例如，当页面载入时将会如何、当窗口滚动时将会如何。将会发生的事情就是交互事件的动作。

单击"页面 载入"事件，"交互"面板将自动弹出添加动作列表，如图 5-9 所示。"交互编辑器"对话框中将把触发事件添加到"组织交互"工作区并自动激活"添加动作"选项，如图 5-10 所示。

图 5-9　"交互"面板

图 5-10　"交互编辑器"对话框

页面交互链接动作包括打开链接、关闭窗口、在框架内打开链接和滚动到元件（锚链接）4 个选项。

5.2.1 打开链接

选择"打开链接"动作后，用户将继续设置动作，设置链接页面和链接打开窗口，如图 5-11 所示。

单击"选择页面"选项，用户可以在弹出的下拉列表中选择打开项目页面、链接到外部 URL、重新载入当前页面和返回上一页的 4 种选项，如图 5-12 所示。

选择"页面 1"选项，用户可以在弹出的下拉列表中选择使用当前页面、新窗口 / 标签页、弹窗或父级窗口打开页面，如图 5-13 所示。

图 5-11　设置动作

图 5-12　选择页面　　　　图 5-13　打开页面

案例操作——打开链接页面

源文件：源文件 \ 第 5 章 \ 打开页面链接 .rp　　操作视频：视频 \ 第 5 章 \ 打开页面链接 .mp4

新建一个 Axure RP 10 文件。单击"交互"面板上的 "新增交互"按钮，在弹出的下拉列表中选择"页面 载入"选项，如图 5-14 所示。在弹出的下拉列表中选择"打开链接"动作，如图 5-15 所示。

选择"链接到外部 URL"选项，如图 5-16 所示。在文本框中输入图 5-17 所示 URL。

在"更多选项"中设置"打开于"为"弹窗"，如图 5-18 所示。单击"完成"按钮。单击"预览"按钮，页面载入时弹出窗口效果如图 5-19 所示。

图 5-14　选择"页面 载入"选项　　　图 5-15　选择"打开链接"动作　　　图 5-16　选择"链接到外部 URL"选项

图 5-17　输入 URL

图 5-18　设置"打开
于"为"弹窗"

图 5-19　弹出窗口效果

5.2.2　关闭窗口

选择"关闭窗口"动作，将实现在浏览器打开时自动关闭当前浏览器窗口的操作，如图 5-20 所示。

5.2.3　框架中打开链接

使用"内联框架"元件可以实现多个子页面显示在同一个页面的效果。选择"在框架内打开链接"动作后，打开图 5-21 所示的面板。通过设置，实现更改框架链接页面的操作。用户可以"内联框架"和"父框架"设置链接页面，如图 5-22 所示。

"内联框架"指当前页面中使用的框架。"父框架"是指两个以上的框架嵌套，也就是在一个打开的页面中使用了框架，打开的页面被称为父级框架。

图 5-20　选择"关闭窗口"动作

图 5-21　打开面板

图 5-22　设置链接页面

5.2.4　滚动到元件（锚链接）

滚动到元件（锚链接）指的是页面打开时，将自动滚动到指定位置。这个动作可以用来制作类似"返回顶部"等效果。

用户首先要指定滚动到哪个元件，如图 5-23 所示。然后设置滚动的方向为"水平""垂直"或"垂直和水平"，如图 5-24 所示。在"动画"下拉列表框中可以选择一种动画方式，如图 5-25 所示。

选择一种动画方式，可以在文本框中设置动画的持续时间，持续时间单位为"毫秒"，如图 5-26 所示。单击"完成"按钮，即可完成滚动到元件的交互效果。

图 5-23　指定滚动元件

图 5-24　设置滚动方向

图 5-25　设置动画方式

图 5-26　设置动画的持续时间

提　示

页面滚动的位置受页面长度的影响，如果页面不够长，则底部的对象无法实现滚动效果。

5.3　添加元件交互

选中页面中的元件后，单击"交互"面板中的"新增交互"按钮或者打开"交互编辑器"对话框，可以看到元件交互触发事件，如图 5-27 所示。

图 5-27　元件交互触发事件

元件触发事件有鼠标、键盘和形状 3 种，当用户使用鼠标操作、按住或松开键盘上的按键、元件形状发生变化，都可以实现不同的动作，如图 5-28 所示。

图 5-28 元件触发事件

任意选择一种触发事件后，用户可以在"交互"面板或"交互编辑器"对话框中添加动作，如图 5-29 所示。

Axure RP 10 提供了显示/隐藏、设置动态面板状态、设置文本、设置图片、设置选中、设置选中下拉列表选项、设置错误状态、启用/禁用、移动、旋转、设置尺寸、置顶/置底、设置不透明度、获取焦点和展开/折叠树节点 15 种元件动作供用户使用。

图 5-29 添加动作

5.3.1 显示/隐藏

单击"交互编辑器"对话框左侧的"显示/隐藏"动作，在弹出的面板中选择应用该动作的元件，如图 5-30 所示。如果没有在弹出的面板中选择元件，用户也可以在右侧"目标"选项组中选择要应用的元件，如图 5-31 所示。

用户可以在"交互编辑器"对话框右侧的"配置动作"面板中设置显示/隐藏元件的目标、动画及更多选项，如图 5-32 所示。

图 5-30 选择应用动作的元件

图 5-31 选择要应用的元件

图 5-32 设置动作

1. 显示

单击"显示"按钮，可将元件设置为显示状态。用户可以在"动画"下拉列表框中选择一种动画形式，并在后面的文本框中输入动画持续的时间，如图 5-33 所示。

在"更多选项"选项组中可以选择更多的 SPECIAL BEHAVIOR（特殊行为）动画形式，如图 5-34 所示。

- 设为弹窗遮罩：允许用户设置一个背景色，实现类似灯箱的效果。
- 设为弹出：选择此选项，将自动结束触发时间。
- 向下推动元件：将触发事件的元件向下方推动。
- 向右推动元件：将触发事件的元件向右方推动。

勾选"将目标元件置顶"复选框，动画效果将出现在所有对象上方，这样能避免被其他元件遮挡、看不到完整动画效果，如图 5-35 所示。

图 5-33　设置动画选项

图 5-34　选中更多特殊行为

图 5-35　将目标元件置顶

2. 隐藏

单击"隐藏"按钮，可以将元件设置为隐藏状态。还可以设置隐藏动画效果和持续时间，如图 5-36 所示。在 SPECIAL BEHAVIOR 下拉列表框中选择一种行为，可以实现元件向一个方向隐藏的动画效果，如图 5-37 所示。

图 5-36　设置隐藏动画和持续时间

图 5-37　选择特殊行为动画

3. 切换

要实现"切换"可见性，需要使用两个以上的元件。用户可以分别设置显示动画和隐藏动画，其他设置与"隐藏"状态相同，此处不再赘述。

案例操作——设计制作显示 / 隐藏图片

源文件：源文件 \ 第 5 章 \ 设计制作显示 / 隐藏图片 .rp　操作视频：视频 \ 第 5 章 \ 设计制作显示 / 隐藏图片 .mp4

01 新建一个 Axure RP 10 文件。将"主按钮"元件拖曳到页面中并修改文本内容，如图 5-38 所示。使用矩形元件和文本元件创建图 5-39 所示的效果，单击工具栏上的"组合"按钮，将多个元件组合起来。

[02] 在"样式"面板中分别指定两个元件的名称为"提交"和"菜单",如图 5-40 所示。单击"样式"面板上的"隐藏"按钮,将"菜单"元件隐藏,如图 5-41 所示。

图 5-38　拖曳元件　　图 5-39　组合元件　　　　　图 5-40　为元件指定名称　　　　图 5-41　隐藏元件
并修改文本内容

[03] 选中"提交"元件,在"交互编辑器"对话框中添加"单击"事件中的"显示/隐藏"动作,设置动作的过程如图 5-42 所示。

[04] 单击"确定"按钮,完成交互制作。单击"预览"按钮,预览效果如图 5-43 所示。

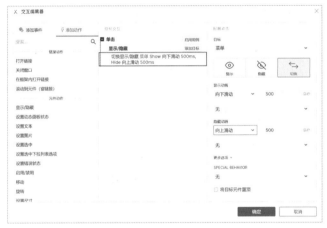

图 5-42　设置动作

图 5-43　预览效果

5.3.2　设置动态面板状态

该动作主要针对"动态面板"元件。将"元件"面板中的"动态面板"元件拖曳到页面中,单击"交互"面板上的"新增交互"按钮或者在"交互编辑器"对话框中选择"鼠标移入"事件,单击添加"设置动态面板状态"动作,设置好各项参数后,即可完成交互效果的制作,如图 5-44 所示。

图 5-44　设置动态面板状态

案例操作——动态面板制作轮播图

源文件：源文件\第5章\动态面板制作轮播图.rp　操作视频：视频\第5章\动态面板制作轮播图.mp4

01 新建一个文件，将"动态面板"元件拖曳到页面中。在"样式"面板中设置元件的各项参数，如图5-45所示。页面效果如图5-46所示。

02 双击进入动态面板编辑界面，如图5-47所示。添加3个动态面板状态并分别为其重命名，如图5-48所示。

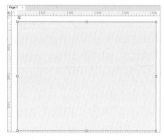

图5-45　设置元件的各项参数　　　　图5-46　页面效果　　　　图5-47　进入动态面板编辑界面

03 进入"项目1"状态编辑页面，将"图片"元件从"元件库"面板中拖曳到页面中，调整其大小和位置，如图5-49所示。双击"图片"元件，导入外部图片素材，如图5-50所示。

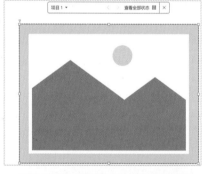

图5-48　添加状态　　　　图5-49　将"图片"元件拖曳到页面中　　　　图5-50　导入外部图片素材

04 使用相同的方法为其他3个页面导入图片素材，"大纲"面板如图5-51所示。返回"Page 1"页面，分别拖入4张图片并进行排列，如图5-52所示。

图5-51　"大纲"面板　　　　图5-52　拖入图片素材并排列

> **提 示**
>
> 可以通过拖曳的方式调整"大纲"面板中"动态面板"状态页面的前后顺序，此顺序将影响轮播图的播放顺序。

05 将小图重命名为"图片 1"~"图片 4"，此时的"样式"面板如图 5-53 所示。选中"图片 1"元件，在"交互编辑器"对话框中添加"鼠标移入"事件，再添加"设置动态面板状态"动作并设置动作参数，如图 5-54 所示。

图 5-53　设置元件名称

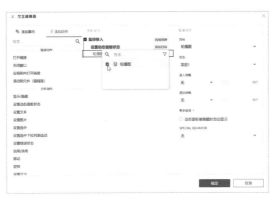

图 5-54　为"图片 1"添加动作并设置动作参数

06 选中"图片 2"元件，添加"鼠标移入"事件，再添加"设置动态面板状态"动作，如图 5-55 所示。设置"进入动画"和"退出动画"效果为"淡入淡出"，时间为 500 毫秒，如图 5-56 所示。

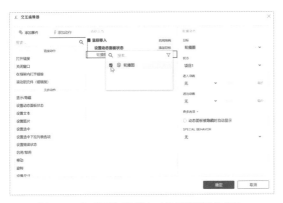

图 5-55　为"图片 2"添加动作并设置动作参数

图 5-56　设置动作参数

07 使用相同的方法为"图片 3""图片 4"元件添加相同的交互效果，如图 5-57 所示。单击"预览"按钮，预览效果如图 5-58 所示。

图 5-57　添加相同的交互效果

图 5-58　预览效果

5.3.3　设置文本

"设置文本"动作可以实现为元件添加文本或修改元件文本内容的交互效果，下面通过案例操作进行讲解。

源文件：源文件\第5章\为元件添加文本.rp　操作视频：视频\第5章\为元件添加文本.mp4

☑1 新建一个 Axure RP 10 文件。将"矩形 1"元件拖曳到页面中，如图 5-59 所示。在"样式"面板中设置其元件名为"文本框"，如图 5-60 所示。

☑2 在"交互编辑器"对话框中添加"鼠标移入"事件后，添加"设置文本"动作，选择"文本框"元件，如图 5-61 所示。设置"值"为"此处显示正文内容"，如图 5-62 所示。

图 5-59　拖曳元件

图 5-60　设置元件名

图 5-61　添加"设置文本"动作

☑3 单击"确定"按钮，即可为元件添加交互效果，如图 5-63 所示。单击"预览"按钮，预览效果如图 5-64 所示。

图 5-62　设置元件值

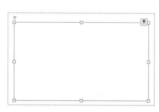

图 5-63　添加交互效果

图 5-64　预览效果

5.3.4　设置图片

"设置图片"动作可以为图片指定不同状态的显示效果，下面通过案例操作进行讲解。

源文件：源文件\第5章\制作按钮交互状态.rp　操作视频：视频\第5章\制作按钮交互状态.mp4

☑1 新建一个 Axure RP 10 元件。将"图片"元件拖曳到页面中，设置其元件名为"提交"，如图 5-65 所示。在"交互编辑器"对话框中添加"载入"事件，添加"设置图片"动作，选择"提交"元件，如图 5-66 所示。

☑2 单击"设置常规状态图片"选项后的"选择"按钮，添加常规图片，如图 5-67 所示。继续使用相同的方法设置鼠标经过状态图片和鼠标按下状态图片，如图 5-68 所示。

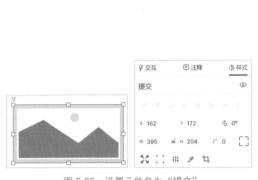

图 5-65　设置元件名为"提交"

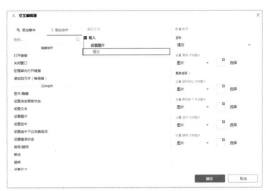

图 5-66　添加事件和动作

图 5-67　添加默认图片

图 5-68　添加其他图片

03 设置完成后，在"交互编辑器"对话框中单击"确定"按钮，完成为元件添加交互的操作。单击工具栏中的"预览"按钮，预览效果如图 5-69 所示。

图 5-69　预览效果

5.3.5　设置选中

使用该动作可以设置元件是否为选中状态，其通常是为了配合其他事件而设置的状态。"设置"下拉列表中有"值""变量值""选中状态"和"元件禁用状态"4 个选项，如图 5-70 所示。

要想使用该动作，元件本身必须具有选中选项或使用了如"设置图片"等动作。例如，为一个按钮元件设置选中动作，则该元件在预览时将显示为选中状态。

图 5-70　设置选中动作

5.3.6　设置选中下拉列表选项

设置选中下拉列表选项主要被应用于"下拉框"元件和"列表框"元件。用户可以通过"设置选中下拉列表选项"动作，来设置当单击列表元件时，列表中的哪个选项被选中。

5.3.7　设置错误状态

设置错误状态是 Axure RP 10 新增的功能。用户可以使用该动作为元件设置一个错误状态。用户既可以为这个错误状况设置样式，也可以通过设置错误状态触发其他的动作。

源文件：源文件 \ 第 5 章 \ 制作用户名输入错误提示 .rp　操作视频：视频 \ 第 5 章 \ 制作用户名输入错误提示 .mp4

01 单击工具栏上的"文本框"按钮，在页面中拖曳绘制一个文本框，如图 5-71 所示。在"交互"面板中设置其"提示文本"和"隐藏时机"，如图 5-72 所示。

02 在"样式"面板中设置其圆角半径为 10，设置文字的大小为 18，左边距为 20，文本框效果如图 5-73 所示。将"三级标题"元件拖曳到页面中，调整其大小和位置并输入图 5-74 所示的文本。单击选项栏上的"隐藏元件"按钮，将文字隐藏，如图 5-75 所示。

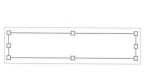

图 5-71　绘制文本框

图 5-72　设置文本框参数

图 5-73　文本框效果

图 5-74　标题文字效果

图 5-75　隐藏文字标题

03 单击选中文本框元件，单击"交互"面板上的"新增交互"按钮，在弹出的下拉列表中选择"失去焦点"选项，再选择"设置错误状态"选项，选择"目标"为当前文本框，如图 5-76 所示。

04 单击"失去焦点"后的"条件"按钮，单击"条件编辑"对话框中的"添加条件"按钮，为动作添加一个"如果文本框为空"的条件，如图 5-77 所示。

图 5-76　设置错误状态

图 5-77　添加"如果文本框为空"的条件

[05] 再次单击"条件"按钮，为动作添加一个"如果文本框中包含 - 符号"的条件，如图 5-78 所示。单击 Case 2 底部的"+"图标，添加"设置错误状态"动作，"交互"面板如图 5-79 所示。

[06] 单击"交互"面板下方的"添加样式效果"选项，在弹出的下拉列表中选择"错误样式"选项，设置"线段颜色"为蓝色，如图 5-80 所示。单击"新增交互"按钮，选择"错误状态设置"事件，继续选择"显示 / 隐藏"动作并选择"说明文字"元件，设置为"显示"，如图 5-81 所示。

图 5-78　添加文本框有特殊符号条件　　　　图 5-79　添加设置错误状态　　图 5-80　设置错误样式

[07] 单击 Case 1 底部的"+"图标，添加"设置文本"动作，选择"说明文字"并设置"值"为"用户名不得为空"，如图 5-82 所示。用同样的方式为 Case 2 添加图 5-83 所示的动作。

图 5-81　设置显示 / 隐藏元件　　　　图 5-82　为"Case1"设置文本动作　　　　图 5-83　为"Case2"设置文本动作

[08] 单击"失去焦点"右侧 Add Case 按钮，然后单击"确定"按钮，单击 Case 3 底部的"+"图标，选择"设置错误状态"选项，再选择文本框并设置"移除错误状态"，如图 5-84 所示。

[09] 单击"新增交互"按钮，选择"移除错误状态"选项，再选择"显示 / 隐藏"动作，并设置"说明文字"状态为"隐藏"，如图 5-85 所示。

[10] 单击"预览"按钮，预览页面效果如图 5-86 所示。

图 5-84　设置移除错误状态　　　　图 5-85　设置隐藏文本　　　　图 5-86　预览页面效果

5.3.8 启用／禁用

用户可以使用"启用／禁用"动作设置元件的使用状态为启用或禁用，也可以设置当满足某种条件时，元件被启用或禁用。该动作通常为了配合其他动作而使用。

5.3.9 移动

用户可以为某个元件添加"移动"动作，在"交互编辑器"对话框的右侧或"交互"面板的弹出面板中选择"移动"方式为"To"或"By"，如图 5-87 所示。在文本框中输入移动的坐标位置，如图 5-88 所示。

如图 5-89 所示，在"动画"下拉列表框中选择不同的动画形式，在"时间"文本框中输入持续时间。可以通过为"移动"动作设置轨道，控制元件移动的方式，如图 5-90 所示。也可以通过为"移动"动作设置范围限制，控制元件移动的界限，如图 5-91 所示。

图 5-87 选择移动方式

图 5-88 设置移动坐标

图 5-89 设置动画效果

图 5-90 设置轨道

图 5-91 设置移动范围限制

案例操作——设计制作切换案例

源文件：源文件＼第 5 章＼设计制作切换案例 .rp　操作视频：视频＼第 5 章＼设计制作切换案例 .mp4

01 使用"矩形 2"元件和"按钮"元件创建图 5-92 所示的页面效果。选择"按钮"元件，为其添加"单击"事件，如图 5-93 所示。

02 单击"移动"动作，勾选"按钮"复选框，设置移动动作及动作参数，如图 5-94 所示。单击"完成"按钮，预览效果如图 5-95 所示。

图 5-92 页面效果

图 5-93 添加"单击"事件

图 5-94　设置移动动作及动作参数　　　　图 5-95　预览效果

5.3.10　旋转

旋转动作可以实现元件的旋转效果。用户可以在"配置动作"选项下设置元件旋转的方向、角度、动画、中心、锚点和锚点偏移等参数，效果如图5-96 所示。

5.3.11　设置尺寸

使用"设置尺寸"动作可以为元件指定一个新的尺寸。用户可以在尺寸的

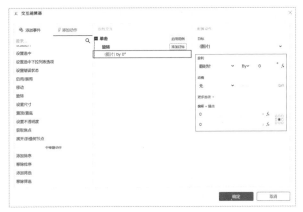

图 5-96　设置旋转动作

文本框中输入当前元件的尺寸。单击"锚点"图形选择不同的中心点，锚点不同，动画的效果也会不同。设置尺寸和锚点如图 5-97 所示。

在"动画"下拉列表框中选择不同的动画形式，在时间文本框中输入动画持续的时间，如图 5-98 所示。

图 5-97　设置尺寸和锚点　　　　图 5-98　设置动画选项

133

图 5-99　设置将元件置于顶层／底层

图 5-100　设置不透明度

图 5-101　输入提示文字

5.3.12　置顶／置底

使用"置顶／置底"动作，可以实现当满足条件时，将元件置于所有对象的顶层或底层。添加该动作后，用户可以在"配置动作"选项组中设置将元件置于顶层／底层，如图 5-99 所示。

5.3.13　设置不透明度

使用"设置不透明度"动作可以实现当满足条件时，为元件指定不同的不透明度效果。添加该动作后，用户可以在"配置动作"选项组中设置元件的不透明度，如图 5-100 所示。

5.3.14　获取焦点

"获取焦点"指的是当一个元件通过单击时的瞬间。例如，用户在"文本框"元件上单击，然后输入文字。这个单击的动作，就是获取了该文本框的焦点。该动作只对"表单元件"起作用。

将"文本框"元件拖曳到页面中，在"交互"面板的"提示文本"文本框中输入提示文字，如图 5-101 所示。选择文本框元件，添加"单击时"事件，添加"获取焦点"动作，选择"文本框"元件并勾选"选中文本框或文本域中的文本"复选框，如图 5-102 所示。

单击"确定"按钮，完成交互效果的制作。单击"预览"按钮，预览效果如图 5-103 所示。

图 5-102　设置动作

图 5-103　预览效果

5.3.15 展开 / 折叠树节点

展开 / 折叠树节点动作主要被应用于"树"元件，通过为元件添加动作，实现展开或折叠树节点的操作，如图 5-104 所示。

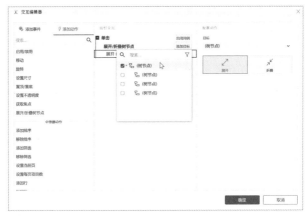

图 5-104 选择树分支设置展开或折叠

5.4 设置交互样式

用户可以通过设置交互样式，快速为元件制作精美的交互效果。交互样式设置的事件只有 6 种，分别是鼠标经过、鼠标按下、选中、禁用、获取焦点和错误。

选中元件，右击，在弹出的快捷菜单中选择"样式效果"命令，如图 5-105 所示。用户可以在弹出的"样式效果"对话框中完成交互样式的设置，如图 5-106 所示。

选中元件，单击"交互"面板底部的"添加样式效果"按钮，如图 5-107 所示。在弹出的下拉列表中选择想要添加的交互样式，如图 5-108 所示。用户可以快速对交互样式进行设置，如图 5-109 所示。

图 5-105 选择命令

图 5-106 "交互样式"对话框

图 5-107 添加样式效果

图 5-108 选择添加交互样式

图 5-109 设置交互样式

135

5.5 变量的使用

Axure RP 10 中的"变量"是非常有个性和使用价值的，有了变量之后，很多需要复杂条件判断或者需要传递参数的功能逻辑就可以实现了，大大丰富了原型演示的可实现效果。变量分为全局变量和局部变量两种。

5.5.1 全局变量

全局变量是一个数据容器，就像一个硬盘，可以把需要的内容存入，能随身携带。在需要时读取出来即可使用。

全局变量的作用范围为一个页面，即在"页面"面板中一个节点（不包含子节点）内有效，而"全局"也不是指整个原型文件内的所有页面，因此有一定的局限性。

在"交互编辑器"对话框中单击"设置变量值"动作选项，弹出图 5-110 所示的面板。默认情况下，该面板中只包含一个全局变量：OnLoadVariable。勾选 OnLoadVariable 复选框，用户可以在对话框的右侧设置全局变量值，如图 5-111 所示。

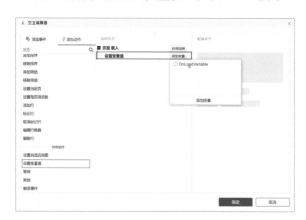

图 5-110 "交互编辑器"面板

图 5-111 设置全局变量值

Axure RP 10 一共提供了 11 种全局变量值供用户使用，具体如下。

- 文本值：直接获取一个常量，可为数值和字符串。
- 变量值：获取另外一个变量的值。
- 变量值长度：获取另外一个变量的值的长度。
- 元件文本：获取元件上的文字。
- 焦点元件文本：获取焦点元件上的文字。
- 元件值长度：获取元件文字的值的长度。
- 被选项：获取被选择的项目。
- 元件禁用状态：获取元件的禁用状态。
- 选中状态：获取元件的选中状态。
- 面板状态：获取面板的当前状态。
- 元件错误状态：获取元件的错误状态。

在"配置动作"面板的"目标"下拉列表中单击"添加变量"按钮，即可创建一个新的全局变量，如图 5-112 所示。在弹出的"全局变量"对话框中单击"添加"按钮，即可新建一个全局变量，如图 5-113 所示。

图 5-112　单击"添加变量"选项

图 5-113　新建全局变量

用户可以重新对变量命名，以便查找和使用，如图 5-114 所示。用户可以通过单击"上移"和"下移"按钮实现调整全局变量顺序的操作。单击"删除"按钮，将删除选中的全局变量。单击"确定"按钮，即可完成全局变量的创建，如图 5-115 所示。

图 5-114　重新对变量命名

图 5-115　完成全局变量的创建

案例操作——使用全局变量

源文件：源文件 \ 第 5 章 \ 使用全局变量 .rp　操作视频：视频 \ 第 5 章 \ 使用全局变量 .mp4

01 新建一个 Axure RP 10 文档。分别将"一级标题"元件和"按钮"元件拖曳到页面中，如图 5-116 所示。分别将两个元件命名为"标题"和"提交"，修改元件样式和文本，如图 5-117 所示。

图 5-116　使用元件　　图 5-117　修改元件样式和文本

02 在"交互编辑器"对话框中选择"页面载入"事件，如图 5-118 所示。选择"设置变量值"动作，如图 5-119 所示。

图 5-118　选择事件

图 5-119　选择"设置变量值"动作

图 5-120　添加变量

图 5-121　配置动作的各项参数

03 单击"添加变量"按钮，在弹出的"全局变量"对话框中单击"添加"按钮，新建一个名为"Wenzi"的全局变量，如图 5-120 所示。单击"确定"按钮，设置动作的各项参数，如图 5-121 所示。

04 单击"确定"按钮，"交互"面板如图 5-122 所示。选择"提交"按钮元件，在"交互编辑器"对话框中添加"单击"事件，再添加"设置文本"动作，选择"标题"选项，如图 5-123 所示。

图 5-122　"交互"面板

图 5-123　选择"提交"元件

05 在"交互编辑器"对话框右侧设置各项参数，如图 5-124 所示。单击"确定"按钮，再单击"预览"按钮，页面预览效果如图 5-125 所示。

图 5-124　设置各项参数

图 5-125　页面预览效果

5.5.2　局部变量

局部变量仅适用于元件或页面的一个动作中，动作外的环境无法使用局部变量。可以为一个动作设置多个局部变量，Axure RP 10 中没有限制变量的数量。不同的动作中，局部变量的名称可以相同，不会相互影响。

1. 添加局部变量

用户可以在"交互编辑器"对话框的"配置动作"面板中添加局部变量，如图 5-126 所示。单击"值"文本框右侧的图标，弹出"编辑文本"对话框，如图 5-127 所示。

单击"添加局部变量"按钮，即可添加一个局部变量。局部变量由 3 部分组成，从左到右分别是变量名称、变量类型和添加变量的目标文件，如图 5-128 所示。

图 5-126　"交互编辑器"对话框

图 5-127　"编辑文本"对话框

图 5-128　局部变量的组成

2. 编辑局部变量

添加局部变量时，系统默认设置局部变量名称为"LVAR1"，用户可以根据个人的习惯自定义局部变量的名称。局部变量名称必须是字母、数字，不允许包含空格。

用户可以在变量类型下拉列表中选择局部变量的类型，如图 5-129 所示，也可以在目标元件下拉列表中选择添加变量的元件，如图 5-130 所示。

图 5-129　选择局部变量的类型

图 5-130　选择添加变量的元件

3. 插入局部变量

完成局部变量的添加后，单击"编辑文本"对话框上方的"插入变量或函数"选项，在下拉列表中单击添加的局部变量，即可插入局部变量，如图 5-131 所示。单击"局部变量"后的"删除"按钮，即可删除当前局部变量，如图 5-132 所示。

图 5-131　插入局部变量　　　　　　　　　　　图 5-132　删除当前局部变量

5.6　设置条件

用户可以为动作设置条件，实现控制动作发生的时机。单击"交互"面板中事件选项后面的"启用用例"按钮或者单击"交互编辑器"对话框事件选项后的"启用用例"按钮，如图 5-133 所示。

图 5-133　单击"启用用例"按钮

再次单击"Case1"后的 Add Condition 按钮，如图 5-134 所示。弹出"条件编辑"对话框，单击"添加条件"按钮，即可为事件添加一个条件，如图 5-135 所示。

图 5-134　单击 Add Condition 按钮

图 5-135　添加条件

添加动态条件包括用来进行逻辑判断的值、确定变量或元件名称、逻辑判断的运算符、用来选择被比较的值和输入框 5 部分，如图 5-136 所示。

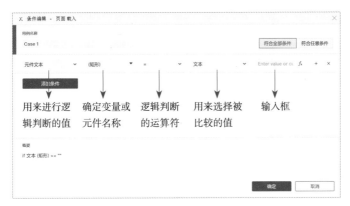

图 5-136　设置条件

5.6.1　确定条件逻辑

用户可以通过单击"条件编辑"对话框右侧的"符合全部条件"和"符合任意条件"按钮，用来确定条件逻辑，如图 5-137所示。

图 5-137　确定条件逻辑

- 符合全部条件：必须同时满足所有条件编辑器中的条件，用例交互才有可能发生。
- 符合任意条件：只要满足所有条件编辑器中的任何一个条件，用例交互就会发生。

提示

可以通过设置条件逻辑关系，设置选择一个动作必须同时满足多个条件，或者仅需满足多个条件中的任何一个。

5.6.2　用来进行逻辑判断的值

在用来进行逻辑判断的值选项的下拉列表中有 16 个选项，如图 5-138 所示。

图 5-138　逻辑判断的值的 16 个选项

- 文本值：自定义变量值。
- 变量值：能够根据一个变量的值来进行逻辑判断。例如，可以添加一个变量，将其命名为"日期"并且判断只有当日期为3月20日时，才会出现"Happy Birthday"的用例。
- 变量值长度：在验证表单时，要验证用户选择的用户名或者密码长度。
- 元件文本：用来获取某个输入文本框内文本的值。
- 焦点元件文本：当前获得焦点的元件文字。
- 元件值长度：与变量值长度相似，只是它判断的是某个元件的文本长度。
- 被选项：可以根据页面中某个复选框元件的选中与否来进行逻辑判断。
- 元件禁用状态：某个元件的禁用状态。根据元件的禁用状态来判断是否选择某个用例。
- 元件错误状态：某个元件的错误状态。根据元件的错误状态来判断是否选择某个用例。
- 选中状态：某个元件的选中状态。根据元件是否被选中来判断是否选择某个用例。
- 面板状态：某个动态面板的状态。根据动态面板的状态来判断是否选择某个用例。
- 元件可见性：某个元件是否可见。根据元件是否可见来判断是否选择某个用例。
- 按下的键：根据按键盘上的某个键来判断是否要选择某些操作。
- 鼠标指针：可以通过当前的指针获取鼠标指针的当前位置，实现鼠标指针拖曳的相关功能。
- 元件范围：为元件事件添加条件事件指定的范围。
- 自适应视图：根据一个元件的所在面板进行判断。

5.6.3　确定变量或元件名称

"确定变量或元件名称"是根据前面的选择方式来确定的。如果前面选择的"用来进行逻辑判断的值"是"变量值"选项，那么确定变量或元件名称可以选择OnLoadVariable选项，也可以选择"新建"选项，添加新的变量，如图5-139所示。

图 5-139　确定变量或元件名称

5.6.4　逻辑判断的运算符

用户可以在该选项下选择添加逻辑判断运算符，如图5-140所示。Axure RP 10中一共为用户提供了10种逻辑判断运算符选项。

图 5-140   选择添加逻辑判断运算符选项

5.6.5   用来选择被比较的值

此选项的值是和"用来进行逻辑判断的值"作比较的值，选择的方式和"用来进行逻辑判断的值"一样，如图 5-141 所示。例如，选择比较两个变量，刚才选择了第一个变量的名称，现在就要选择第二个变量的名称。

图 5-141   用来选择被比较的值

5.6.6   输入框

如果"用来选择被比较的值"选择的是"值"，那么就要在文本框中输入具体的值，如图 5-142 所示。

Axure RP 10 会根据用户在前面几部分中输入的内容，在"条件"下生成一段描述，便于用户判断条件逻辑是否是正确的，如图 5-143 所示。

图 5-142   在文本框中输入具体的值

图 5-143   条件描述

单击 f_x 按钮，可以在输入值时使用一些常规的函数，如获取日期、截断和获取字符串、预设置参数等。单击 按钮或者单击"添加条件"按钮，即可添加一行，新增一个条件。单击 按钮，即可删除一个条件。

> **提 示**
>
> 添加交互时，打开交互编辑器，首先选择要使用的若干个动作，然后针对动作进行参数设定。

案例操作——设计制作用户登录页面

源文件：源文件\第5章\设计制作用户登录页面.rp　操作视频：视频\第5章\设计制作用户登录页面.mp4

图 5-144　使用元件制作页面

01 新建一个 Axure RP 文件，使用矩形元件、文本元件和按钮元件制作图 5-144 所示的页面。使用文本框元件制作图 5-145 所示的效果。

02 分别将两个文本框元件在"交互"面板上命名为"用户名"和"密码"，将登录按钮命名为"登录"，如图 5-146 所示。选中登录按钮元件，在"交互编辑器"对话框中为其添加"单击"事件，如图 5-147 所示。

图 5-145　使用文本框元件　　　图 5-146　为元件命名　　　　　图 5-147　添加事件

03 单击"启用用例"按钮，接着单击 Case1 后的 Add Condition 按钮，弹出"条件编辑"对话框。单击"添加条件"按钮，新建条件，并设置各项参数，如图 5-148 所示。再次单击"添加条件"按钮，并设置各项参数，如图 5-149 所示。

图 5-148　新建条件　　　　　　　　　　　　图 5-149　再次添加条件

04 单击"确定"按钮，返回"交互编辑器"对话框，在"添加动作"面板中单击"打开链接"动作，设置动作的各项参数，如图 5-150 所示。使用矩形元件和文本元件制作图 5-151 所示的效果。

05 将元件选中并组合，指定元件名称为"错误提示"并将其隐藏，如图 5-152 所示。再次单击 Add Case 按钮，不进行任何设置，对话框效果如图 5-153 所示。

图 5-150　设置动作的各项参数

图 5-151　使用元件

图 5-152　隐藏元件

06 单击"确定"按钮，添加"显示隐藏"动作，设置各项参数，如图 5-154 所示。

图 5-153　对话框效果

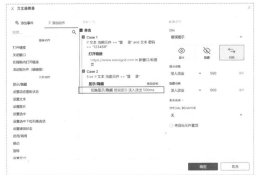

图 5-154　设置各项参数

07 单击"确定"按钮，完成交互制作。单击工具栏上的"预览"按钮，预览效果如图 5-155 所示。

图 5-155　预览效果

提示

　　提示：没有输入用户名和密码或输入错误的用户名和密码时单击"登录"按钮，将弹出提示内容。此处输入用户名为 xdesign8，密码为 123456 时，即可打开指定的网址。

5.7 使用表达式

表达式是由数字、运算符、数字分组符号（括号）、变量等组合成的公式。在 Axure RP 10 中，表达式必须写在 [[]] 中，否则不能正确运算。

5.7.1 运算符类型

运算符可用来选择程序代码运算，针对一个以上操作数项目进行运算。Axure RP 10 中一共包含 4 种运算符，分别是算术运算符、关系运算符、赋值运算符和逻辑运算符。

1. 算术运算符

算术运算符就是常说的加减乘除符号，符号是＋、－、*、/，例如，a+b、b/c 等。除了以上 4 个算术运算符，还有一个取余数运算符，符号是 %。取余数是指将前面的数字中完整包含了后面的部分去除，只保留剩余的部分，例如，18/5，结果为 3。

2. 关系运算符

Axure RP 10 中一共有 6 个关系运算符，分别是 <、<=、>、> =、==、!=。关系运算符对其两侧的表达式进行比较，并返回比较结果。比较结果只有"真"或"假"两种，也就是 True 和 False。

3. 赋值运算符

Axure RP 10 中的赋值运算符是 =。赋值运算符能够将其右侧的表达式运算结果赋值给左侧一个能够被修改的值，如变量、元件文字等。

4. 逻辑运算符

Axure RP 10 中的逻辑运算符有两种，分别是 && 和 ‖。&& 表示"并且"的关系，‖ 表示"或者"的关系。逻辑运算符能够将多个表达式连接在一起，形成更复杂的表示式。

在 Axure RP 10 中还有一种逻辑运算符——!，表示"不是"，它能够将表达式结果取反。例如，!（a+b&&=c）返回的值与（a+b&&=c）返回的值相反。

5.7.2 表达式的格式

a+b、a＞b 或者 a+b&&=c 等都是表达式。在 Axure RP 10 中，只有在编辑值时才可以使用表达式，表达式必须写在 [[]] 中。

下面通过几个例子加深理解。

[[name]]：这个表达式没有运算符，返回值是 name 的变量值。

[[18/3]]：这个表达式的结果是 6。

[[name==admin]]：当变量 name 的值为 'admin' 时，返回 True，否则返回 False。

[[num1+num2]]：当两个变量值为数字时，这个表达式的返回值为两个数字的和。

提 示

如果想将两个表达式的内容连接在一起或者将表达式的返回值与其他文字连接在一起，只需将它们写在一起。

　　源文件：源文件 \ 第 5 章 \ 设置制作滑动解锁 .rp　操作视频：视频 \ 第 5 章 \ 设置制作滑动解锁 .mp4

01 新建一个 Axure RP 10 文档。使用"矩形"元件和"文本"元件制作图 5-156 所示的页面。使用"图片"元件和"文本"元件继续制作页面，如图 5-157 所示。

图 5-156　使用元件制作页面　　　　　　　　图 5-157　继续制作页面

02 选中图片元件并将其转换为"动态面板"元件。在"交互编辑器"对话框中添加"拖动"事件并添加情形，设置"条件编辑"对话框，如图 5-158 所示。单击"确定"按钮，添加"移动"动作，设置动作如图 5-159 所示。

图 5-158　设置"条件编辑"对话框　　　　　　　图 5-159　设置"移动"动作参数

03 单击 Add boundary（添加范围界限）按钮并设置参数，如图 5-160 所示。单击 f_x 按钮，弹出"编辑值"对话框，如图 5-161 所示。

图 5-160　单击 Add boundary 按钮并设置参数　　　　图 5-161　"编辑值"对话框

04 单击"添加局部变量"链接，新建一个局部变量并设置参数，如图 5-162 所示。单击"插入变量或函数"链接，选择变量并设置参数，如图 5-163 所示。

05 单击"确定"按钮，面板效果如图 5-164 所示。使用相同的方法设置右侧边界，如图 5-165 所示。

图 5-162　新建局部变量并设置参数

图 5-163　选择变量并设置参数

图 5-164　面板效果

图 5-165　设置右侧边界

06 选中"动态面板"元件并打开"交互编辑器"对话框，添加"设置文本"动作，如图 5-166 所示。单击 f_x 按钮，在弹出的"编辑文本"对话框中创建局部变量并插入，如图 5-167 所示。

图 5-166　添加"设置文本"动作

图 5-167　"编辑文本"对话框

07 单击"确定"按钮后，添加"设置尺寸"动作，选择"粉色矩形"元件，单击"w"选项后的按钮，在"编辑值"对话框中创建局部变量并插入，如图 5-168 所示。设置"h"的值为 35，如图 5-169 所示。

08 再次为"拖动"事件添加情形，设置"条件编辑"对话框如图 5-170 所示。单击"确定"按钮后添加"设置文本"动作，如图 5-171 所示。

09 再次添加"拖动后松开"事件并添加条件，"条件编辑"对话框如图 5-172 所示。添加"移动"动作，设置动作各项参数，如图 5-173 所示。

图 5-168　"编辑值"对话框

图 5-169　设置值

图 5-170　设置"条件编辑"对话框

图 5-171　添加"设置文本"动作

图 5-172　"条件编辑"对话框

图 5-173　添加"移动"动作

⑩ 添加"设置尺寸"动作，设置动作各项参数，如图 5-174 所示。添加"设置文本"动作，设置动作各项参数，如图 5-175 所示。

图 5-174　添加"设置尺寸"动作　　图 5-175　添加"设置文本"动作

⑪ 单击"确定"按钮，将图片元件拖曳到图 5-176 所示的位置。选中 0 文本元件，将其隐藏，如图 5-177 所示。

⑫ 单击"预览"按钮，预览页面效果。拖曳图片元件效果如图 5-178 所示。

图 5-176　拖曳图片元件

图 5-177　隐藏元件

图 5-178　拖曳图片元件效果

5.8　中继器动作

用户通过对数据集添加交互，可以完成添加、删除和修改等操作，并能够实时呈现，能够让产品原型的效果更加丰富、逼真。中继器具有筛选功能，能够让数据按照不同的条件排列。

5.8.1　项目交互

项目交互主要用于将数据集中的数据传递到产品原型中的元件并显示出来；或者根据数据集中的数据选择相应的动作。

单击"交互"面板上的"新建交互"按钮，即可看到项目交互事件，项目交互有"载入时""项目被载入""列表项尺寸改变"3 个触发事件，如图 5-179 所示。

3 个触发事件中，比较常用的是"项目被载入"事件。选中"中继器"元件，在"交互编辑器"对话框中可以看到添加"每项加载"事件的动作设置，如图 5-180 所示。

图 5-179　项目交互事件

图 5-180　"项目被载入"事件的动作设置

图 5-181　中继器元件的动作

5.8.2　中继器元件的动作

在"交互编辑器"对话框中为中继器提供了 11 种动作，如图 5-181 所示。为中继器添加某些动作，可以完成添加、删除和修改等操作，并能够实时呈现。这就让原型产品的效果更加丰富、逼真。如果添加排序的各种动作，则使中继器具有筛选功能，能够让数据按照不同的条件排列。

5.8.3　设置分页与数量

通过数据集填充中继器项目的数据，如果希望这些数据能够分页显示，可以通过"样式"面板设置分页。然后通过"设置当前页"动作，动态设置中继器实例项目默认显示的数据页，如图 5-182 所示。

设置每页项目数量，允许改变当前可见页的数据项的数量，如图 5-183 所示。

- 显示所有项目：设置中继器在一页中显示所有项目。
- 每页显示多少项目：设置中继器每页显示数据项的数量。

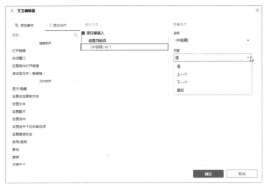

图 5-182　设置当前显示页面　　　　　　图 5-183　设置每页显示多少项目

案例操作——使用中继器添加分页

源文件：源文件 \ 第 5 章 \ 使用中继器添加分页 .rp　操作视频：视频 \ 第 5 章 \ 使用中继器添加分页 .mp4

01 打开 3.2.2 节中的源文件，页面效果如图 5-184 所示。单击选中中继器元件实例，单击"交互"面板上的"新增交互"按钮，在弹出的下拉列表中选择"载入"选项，如图 5-185 所示。

02 在弹出的下拉列表中选择"设置每页项目数量"动作，选中"中继器"，如图 5-186 所示。设置每页显示项目数量为 4，如图 5-187 所示。

图 5-184　页面效果　　图 5-185　添加"载入"事件　　图 5-186　设置中继器每页项目数量　　图 5-187　设置每页显示项目数量

03 单击"确定"按钮，"交互"面板如图 5-188 所示。单击界面右上角的"预览"按钮，预览页面，预览效果如图 5-189 所示。设置"样式"面板中的"分页"面板中的参数，如图 5-190 所示，实现分页效果。

微课学Axure RP 10互联网产品策划与原型设计

图 5-188 预览效果　　　　图 5-189 设置"布局"选项下的参数　　　　图 5-190 设置分页参数

提 示

在"样式"面板中设置的分页效果将直接显示在页面中，而通过脚本实现的效果则只能在预览页面时才显示。

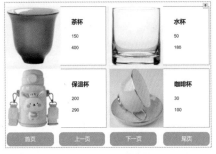

图 5-191 使用"按钮"元件

04 使用"按钮"元件创建图 5-191 所示的效果。选中"首页"按钮，在"交互编辑器"对话框中添加"单击"事件，再选择"设置当前页"动作，选中"中继器"选项，选择页面为"值"，页码为 1，如图 5-192 所示。

05 使用同样的方式为"上一页"按钮选择"上一个"动作，为"下一页"按钮选择"下一个"动作，为"尾页"按钮选择"最后"，动作页面效果如图 5-193 所示。

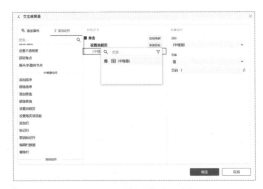

图 5-192 设置当前显示页面

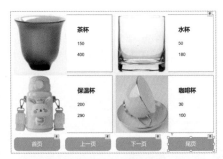

图 5-193 为其他几个按钮添加交互效果

06 单击"预览"按钮或按 Ctrl+. 组合键预览页面，预览页面效果如图 5-194 所示。

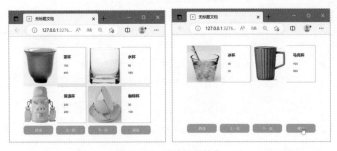

图 5-194 预览页面效果

5.8.4 添加和移除排序

使用中继器的"添加排序"动作可以对数据集中的数据项进行排序，在"交互编辑器"对话框的"设置动作"面板中设置各项参数，如图 5-195 所示。

使用中继器的"移除排序"动作可以移除已添加的排序规则，用户可以在"交互编辑器"对话框的"设置动作"面板中选择移除所有设置或者输入名称，移除指定的设置，如图 5-196 所示。

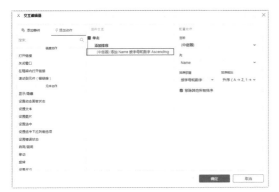

图 5-195 添加排序　　　　　　图 5-196 移除排序

案例操作——使用中继器设置排序

源文件：源文件\第 5 章\使用中继器设置排序 .rp　操作视频：视频\第 5 章\使用中继器设置排序 .mp4

01 打开 5.8.3 小节中的源文件，页面效果如图 5-197 所示。将"按钮"元件拖曳到页面中，调整大小、位置和文字内容，制作图 5-198 所示的两个按钮。

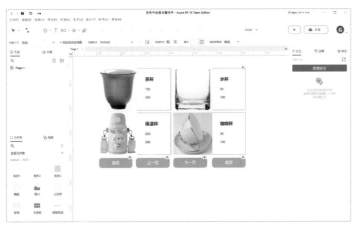

图 5-197 页面效果

图 5-198 使用"按钮"元件

02 选中"升序排列"按钮元件，在"交互编辑器"对话框中为其添加"单击"事件，选择"添加排序"动作，再选择按照价格进行"升序"排列，如图 5-199 所示。

03 单击"确定"按钮。选中"降序排列"按钮元件，在"交互编辑器"对话框中为其添加"降序"排列事件，如图 5-200 所示。

图 5-199 "升序"排列

图 5-200 "降序"排列

04 单击"确定"按钮，返回 Page 1 页面，单击"预览"按钮或按 Ctrl+.组合键预览页面，预览页面效果如图 5-201 所示。

图 5-201 预览页面效果

5.8.5 添加和移除筛选

使用中继器的"添加筛选"动作，在设置动作面板中选中中继器并给中继器添加筛选规则，如 [[Item.price<=45]]，意思是将价格数值小于或等于 45 的数据显示出来，不符合条件的不显示，如图 5-202 所示。

使用中继器的"移除筛选"动作，可以把已添加的过滤移除，可以选择移除所有过滤，也可以输入过滤名称，移除指定的过滤，如图 5-203 所示。

图 5-202 添加筛选

图 5-203 移除筛选

5.8.6　添加和删除中继器的项目

中继器的添加和删除包含添加行、标记行、取消标记行、编辑行数据和删除行 5 种动作。在生成的 HTML 原型中，中继器的项可以被添加和删除，要删除特定的行，必须先"标记行"。

- 添加行：使用"添加行"动作可以动态地添加数据到中继器数据集。
- 标记行："标记行"的意思就是选择想要编辑的指定行。
- 取消标记行："取消标记行"动作可以用来取消选择项。使用此动作可以取消标记当前行、取消标记全部行或者按规则取消标记行。
- 编辑行数据：使用"编辑行数据"动作，可以动态地将值插入到已选择的中继器项中，可以编辑已标记的行，也可以使用规则编辑行。例如，首先使用"标记行"动作选中任意一款或多款商品，再使用"编辑行数据"动作将选中商品的销量、价格和评价信息进行更新。
- 删除行：如果已经对中继器数据集中的项进行了标记行，可以使用"删除行"动作删除已经被标记的行。另外，还可以按照规则删除行。

案例操作——使用中继器实现自增

源文件：源文件\第 5 章\使用中继器实现自增 .rp　操作视频：视频\第 5 章\使用中继器实现自增 .mp4

01 新建一个 Axure RP 10 文件。将"按钮"元件拖曳到页面中，修改按钮样式和文字，如图 5-204 所示。将"中继器 - 卡片"元件拖曳到页面中，将其命名为 RE，如图 5-205 所示。

图 5-204　修改按钮样式和文字　　　　图 5-205　命名中继器元件实例

02 双击进入中继器编辑模式，删除多余元件，效果如图 5-206 所示。单击"关闭"按钮，修改数据集数据，如图 5-207 所示。

03 选择"增加"按钮，在"交互编辑器"对话框中为其添加"单击"事件，选择"添加行"动作，选择"RE"元件，如图 5-208 所示。单击"添加行"按钮，单击"添加行到中继器"对话框中的 ƒx 图标，如图 5-209 所示。

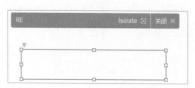

图 5-206　编辑中继器实例　　　　　图 5-207　修改数据集数据

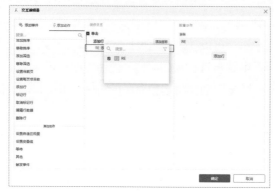

图 5-208　添加"添加行"动作　　　　图 5-209　"添加行到中继器"对话框

04 单击"编辑值"对话框中的"添加局部变量"链接，添加图 5-210 所示的局部变量。在"插入变量和函数"文本框中输入图 5-211 所示的函数。

图 5-210　添加局部变量　　　　　　图 5-211　输入函数

05 依次单击"确定"按钮，页面效果如图 5-212 所示。单击"预览"按钮，页面预览效果如图 5-213 所示。

图 5-212　页面效果　　　　　　　　图 5-213　页面预览效果

5.8.7　项目列表的操作

中继器中的项目列表通常按照输入数据的顺序进行显示。用户可以通过添加交互，实现更加丰富的显示效果，例如，显示当前页码和总页码。

　源文件：源文件 \ 第 5 章 \ 使用中继器显示页码 .rp　操作视频：视频 \ 第 5 章 \ 使用中继器实现页码 .mp4

01 打开 5.8.4 小节中的源文件，选中中继器元件实例，设置其名称为 chanPin，页面效果如图 5-214 所示。将"文本标签"元件拖曳到页面中，设置其大小、位置和文本，如图 5-215 所示。

02 继续使用"文本标签"元件创建图 5-216 所示的文本标签。分别为两个文本标签元件实例指定名称，如图 5-217 所示。

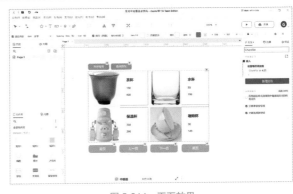

图 5-214　页面效果

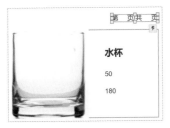

图 5-215　使用"文本标签"元件

图 5-216　创建文本标签

图 5-217　为元件指定名称

03 选择中继器元件实例，单击"新增元件"按钮，选择"项目被载入"选项，再选择"设置文本"，设置各项参数，如图 5-218 所示。单击"编辑文本"按钮，单击"输入文本"对话框下方的"添加局部变量"链接并进行设置，如图 5-219 所示。

04 单击"插入变量或函数"链接，插入表达式并在右侧设置显示文本样式，如图 5-220 所示。依次单击"确定"按钮，"交互"面板如图 5-221 所示。

图 5-218　设置文本

图 5-219　添加局部变量

图 5-220　插入表达式并设置显示文本样式

⑤ 将鼠标光标移动到"设置文本"事件上，单击后面的"添加目标"按钮 添加目标 ，将 all 元件设置为目标，如图 5-222 所示。使用相同的方法添加局部变量并插入表达式，"交互"面板如图 5-223 所示。

图 5-221 "交互"面板

图 5-222 添加"all"为目标

图 5-223 "交互"面板

提 示

为了保证每个分页面都能够正确显示总页数和当前页数，需要将显示页码的事件添加到所有控制按钮上。

⑥ 选择刚刚创建的"设置文本"动作，如图 5-224 所示。右击，在弹出的快捷菜单中选择"复制"命令，如图 5-225 所示。

⑦ 选择"首页"按钮，在"交互"面板中右击，在弹出的快捷菜单中选择"粘贴"命令，"交互"面板如图 5-226 所示。继续使用相同的方法，复制动作到其他几个按钮上，如图 5-227 所示。

图 5-224 选中"设置文本"动作

图 5-225 选择"复制"命令

图 5-226 复制动作

⑧ 单击工具栏上的"预览"按钮，预览产品原型的效果，如图 5-228 所示。

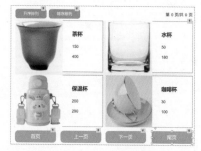

图 5-227 粘贴动作

图 5-228 预览产品原型的效果

5.9　常用函数

Axure RP 10 中的函数是一种特殊的变量，可以通过调用获得一些特定的值。函数的使用范围很广泛，使用函数能够让产品原型制作变得更迅速，使产品原型变得更灵活和更逼真。在 Axure RP 10 中只有表达式中能够使用函数。

在"交互编辑器"对话框中添加"设置变量值"动作后，勾选 OnLoadVariable 复选框，单击"值"选项下文本框右侧的按钮，如图 5-229 所示。在弹出的"编辑文本"对话框中单击"插入变量或函数"链接，即可看到 Axure RP 10 自带的函数，如图 5-230 所示。

图 5-229　"交互编辑器"对话框　　　　图 5-230　插入变量或函数

除了全局变量和布尔类型的预算法，还包含中继器/数据集、元件、页面、窗口、鼠标指针、数字、字符串、数学和日期 9 种类型的函数。

函数的格式如下：对象.函数名（参数 1，参数 2…）。

5.9.1　中继器/数据集函数

单击"编辑文本"对话框中的"插入变量或函数"链接，在"中继器/数据集"选项下可以看到 6 个中继器/数据集函数，函数说明如表 5-1 所示。

表 5-1　中继器/数据集函数

函 数 名 称	说　　　明
Repeater	获得当前项的父中继器
visibleItemCount	返回当前页面中所有可见项的数量
itemCount	当前过滤器中项的数量
dataCount	当前过滤器中所有项的个数
pageCount	中继器对象中页的数量
pageindex	中继器对象当前的页数

5.9.2　元件函数

单击"编辑文本"对话框中的"插入变量或函数"链接，在"元件"选项下可以看到 16

个元件函数，函数说明如表 5-2 所示。

表 5-2　元件函数

函 数 名 称	说 明
This	获取当前元件对象，当前元件是指添加事件的元件
Target	获取目标元件对象，目标元件是指添加动作的元件
x	获得元件对象的 X 坐标
y	获得元件对象的 Y 坐标
width	获得元件对象的宽度
height	获得元件对象的高度
scrollX	获取元件对象水平移动的距离
scrollY	获取元件对象垂直移动的距离
text	获取元件对象的文字
name	获取元件对象的名称
top	获取元件对象顶部边界的坐标值
left	获取元件对象左边界的坐标值
right	获取元件对象右边界的坐标值
bottom	获取元件对象底部边界的坐标值
opacity	获取元件对象的不透明度
rotation	获取元件对象的旋转角度

案例操作——设计制作商品详情页

源文件：源文件\第 5 章\设计制作商品详情页 .rp　操作视频：视频\第 5 章\设计制作商品详情页 .mp4

图 5-231　插入图片并命名 1

图 5-232　插入图片并命名 2

01 新建一个 Axure RP 文件，将"图片"元件拖曳到页面中并插入图片，将其命名为 bigpic，复制图片并调整其位置和大小，如图 5-231 所示。继续使用相同的方法导入另外的图片，并分别将它们命名为 pic1 和 pic2，如图 5-232 所示。

02 使用"矩形"元件创建一个图 5-233 所示的矩形，将其命名为 kuang。选择 pic1 元件，为其添加"鼠标移入时"事件，再添加"设置图片"动作，选择 bigpic 元件，如图 5-234 所示。

03 单击"设置常规状态图片"选项下的"选择"按钮，选择导入一张图片，如图 5-235 所示。添加"移动"动作，选择"目标"为 kuang，设置"移动"选项为 To，如图 5-236 所示。

04 单击 x 文本框后的 按钮，在"编辑值"对话框中删除数值 0，单击"插入变量或函数"链接，选择 x 选项，如图 5-237 所示。为了保证边框与图片对齐，使用表达式使其移动 3 个单位，如图 5-238 所示。

图 5-233　创建矩形

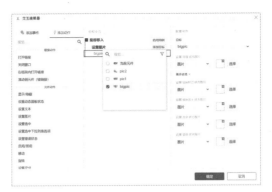

图 5-234　选择"bigpic"元件

图 5-235　选择导入图片

图 5-236　设置"移动"选项

图 5-237　选择函数

图 5-238　使用表达式

[05] 单击"确定"按钮。单击 y 文本框后的按钮，在"编辑值"对话框中进行设置，如图 5-239 所示。单击"确定"按钮，设置动作，如图 5-240 所示。

图 5-239　"编辑值"对话框

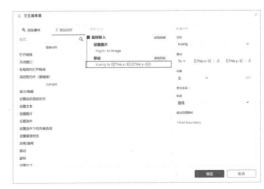

图 5-240　设置动作

161

06 使用相同的方法为 pic2 元件添加交互，"交互编辑器"对话框如图 5-241 所示。制作完成后的预览效果如图 5-242 所示。

图 5-241 "交互编辑器"对话框

图 5-242 预览效果

5.9.3 页面函数

单击"编辑文本"对话框中的"插入变量或函数"链接，在"页面"选项下可以看到一个页面函数，函数说明如表 5-3 所示。

表 5-3 页面函数

函 数 名 称	说　明
PageName	获取当前页面的名称

5.9.4 窗口函数

单击"编辑文本"对话框中的"插入变量或函数"链接，在"窗口"选项下可以看到 4 个窗口函数，函数说明如表 5-4 所示。

表 5-4 窗口函数

函 数 名 称	说　明
Window.width	获取浏览器的当前宽度
Window.height	获取浏览器的当前高度
Window.scrollX	获取浏览器的水平滚动距离
Window.scrollY	获取浏览器的垂直滚动距离

5.9.5 鼠标指针函数

单击"编辑文本"对话框中的"插入变量或函数"链接，在"鼠标指针"选项下可以看到 7 个鼠标指针函数，函数说明如表 5-5 所示。

表 5-5　鼠标指针函数

函 数 名 称	说　　明
Cursor.x	获取鼠标光标当前位置的 X 轴坐标
Cursor.y	获取鼠标光标当前位置的 Y 轴坐标
DragX	整个拖动过程中，鼠标光标在水平方向上移动的距离
DragY	整个拖动过程中，鼠标光标在垂直方向上移动的距离
TotalDragX	整个拖动过程中，鼠标光标沿 X 轴水平移动的总距离
TotalDragY	整个拖动过程中，鼠标光标沿 Y 轴垂直移动的总距离
DragTime	鼠标拖曳操作的总时长，从按下鼠标左键到释放鼠标的总时长。中间过程中如果未移动鼠标位置，也计算时长

案例操作——设计制作产品局部放大效果

源文件：源文件 \ 第 5 章 \ 设计制作产品局部放大效果 .rp　操作视频：视频 \ 第 5 章 \ 设计制作产品局部放大效果 .mp4

01 新建一个 Axure RP 10 文件，使用"图片"元件插入图片并调整大小为 400×400，将其命名为 pic，如图 5-243 所示。将"动态面板"元件拖曳到页面中，将其命名为 mask。双击编辑 State1，为其指定填充图片效果，如图 5-244 所示，并将其设置为隐藏。

图 5-243　使用"图片"元件

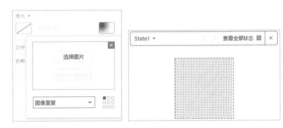
图 5-244　设置填充图片

02 返回 page1，再次拖入一个"动态面板"元件，将其命名为 zoombig，如图 5-245 所示。双击编辑 State1，导入一张图片，并将其命名为 bigpic，如图 5-246 所示。

图 5-245　再次使用"动态面板"元件并命名

图 5-246　导入图片并命名

03 单击"关闭"按钮，返回 page 1，单击工具栏上的"隐藏"按钮，将 zoombig 元件和 mask 元件隐藏。使用"热区"元件创建一个和图片大小一致的热区，并将其命名为 requ，如

图 5-247 所示。

04 选中"热区"元件，为其添加"鼠标移入"事件，再添加"显示 / 隐藏"动作，设置参数，如图 5-248 所示。

图 5-247 使用"热区"元件

图 5-248 设置参数

05 添加"鼠标移出"事件，再添加"显示 / 隐藏"动作，如图 5-249 所示。添加"鼠标经过"事件，选中"移动"动作，选择 mask 动态面板，设置 Add boundary（移动范围限制）的各项参数，如图 5-250 所示。

图 5-249 添加"鼠标移出"动作并设置动作

图 5-250 设置"移动范围限制"的各项参数

06 设置"移动"选项为 To，单击 x 文本框后的 f_x 按钮，设置鼠标指针函数，如图 5-251 所示。使用同样的方法，单击 y 文本框后的 f_x 按钮，设置鼠标指针函数，如图 5-252 所示。

图 5-251 设置鼠标指针函数 1

图 5-252 设置鼠标指针函数 2

07 单击"移动"动作后面的"添加目标"按钮，勾选 bigpic 复选框，选择"移动"选项为 To，单击 x 文本框后的 f_x 按钮，单击"添加局部变量"链接，新建一个局部变量，如图 5-253 所示。输入图 5-254 所示的表达式，用来控制大图的显示。

图 5-253　添加局部变量　　　　　　　　图 5-254　输入表达式

08 使用相同的方法设置 y 文本框的值，如图 5-255 所示。单击"确定"按钮，返回 page1，单击"预览"按钮，预览效果如图 5-256 所示。

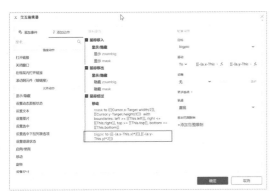

图 5-255　设置动作　　　　　　　　　图 5-256　预览效果

5.9.6　数字函数

单击"编辑文本"对话框中的"插入变量或函数"链接，在"数字"选项下可以看到 3 个数字函数，函数说明如表 5-6 所示。

表 5-6　鼠标指针函数

函 数 名 称	说　　明
toExponential(decimalPoints)	将对象的值转换为指数计数法。"decimalPoints"为小数点后保留的小数位数
toFixed(decimalPoints)	将一个数字转换为保留指定小数位数的数字，超出的后面小数位将自动进行四舍五入。"decimalPoints"为小数点后保留的小数位数
toPrecision(length)	将数字格式化为指定的长度，小数点不计算长度，"length"为指定的长度

5.9.7　字符串函数

单击"编辑文本"对话框中的"插入变量或函数"链接，在"字符串"选项下可以看到

15 个字符串函数，函数说明如表 5-7 所示。

表 5-7　字符串函数

函 数 名 称	说　　明
length	获取当前文本对象的长度，即字符长度，1 个汉字的长度按 1 计算
charAt(index)	获取当前文本对象指定位置的字符，index 为大于或等于 0 的整数，字符位置从 0 开始计数，0 为第一位
charCodeAt(index)	获取当前文本对象中指定位置字符的 Unicode 编码（中文编码段为 19968 ～ 40622）；字符起始位置从 0 开始。index 为大于或等于 0 的整数
concat('string')	将当前文本对象与另外一个字符串组合，string 为组合后显示在后方的字符串
indexOf('searchValue')	从左至右查询字符串在当前文本对象中首次出现的位置。若未查询到，则返回值为"–1"。参数 searchValue 为查询的字符串；start 为查询的起始位置，官方虽未明说，但经测试是可用的。官方默认没有 start，则是从文本的最左侧开始查询
lastIndexOf('searchValue')	从右至左查询字符串在当前文本对象中首次出现的位置。若未查询到，则返回值为"–1"。参数 searchValue 为查询的字符串；start 为查询的起始位置，官方虽未明说，但经测试是可用的。官方默认没有 start，则是从文本的最右侧开始查询
replace('searchvalue','new value')	用新的字符串替换文本对象中指定的字符串。参数 newvalue 为新的字符串，searchvalue 为被替换的字符串
slice(str,end)	从当前文本对象中截取从指定位置开始到指定位置结束之间的字符串。参数 start 为截取部分的起始位置，该数值可为负数。负数代表从文本对象的尾部开始，"–1"表示末位。"–2"表示倒数第二位。end 为截取部分的结束位置，可省略，省略则表示从截取开始位置至文本对象的末位。这里提取的字符串不包含结束位置
split('separator',limit)	将当前文本对象中与分隔字符相同的字符转为","，形成多组字符串，并返回从左开始的指定组数。参数 separator 为分隔字符，分隔字符可以为空，为空时将分隔每个字符为一组；limit 为返回组数的数值，该参数可以省略，省略该参数则返回所有字符串组
substr(start,length)	在当前文本对象中从指定起始位置截取一定长度的字符串。参数 start 为截取的起始位置，length 为截取的长度，该参数可以省略，省略则表示从起始位置一直截取到文本对象末尾
substring(from,to)	从当前文本对象中截取从指定位置开始到另一指定位置区间的字符串。参数 from 为指定区间的起始位置，to 为指定区间的结束位置，该参数可以省略，省略则表示从起始位置截取到文本对象的末尾。这里提取的字符串不包含末位
toLowerCase()	将文本对象中所有的大写字母转换为小写字母
toUpperCase()	将文本对象中所有的小写字母转换为大写字母
trim	删除文本对象两端的空格
toString()	将一个逻辑值转换为字符串

5.9.8　数学函数

单击"编辑文本"对话框中的"插入变量或函数"链接，在"数学"选项下可以看到 22 个数学函数，函数说明如表 5-8 所示。

表 5-8　数学函数

函数名称	说　明
+	加，返回前后两个数的和
−	减，返回前后两个数的差
*	乘，返回前后两个数的乘积
/	除，返回前后两个数的商
%	余，返回前后两个数的余数
abs(x)	计算参数值的绝对值，参数"x"为数值
acos(x)	获取一个数值的反余弦值，其范围是 0 ～ π。参数"x"为数值，范围为 –1 ～ 1
asin(x)	获取一个数值的反正弦值，参数"x"为数值，范围为 –1 ～ 1
atan(x)	获取一个数值的反正切值，参数"x"为数值
atan2(y,x)	返回从 X 轴到 (X,Y) 的角度。返回 –π ～ π 的值，是从 X 轴正向逆时针旋转到点（x,y）经过的角度
ceil(x)	向上取整函数，获取大于或者等于指定数值的最小整数，参数"x"为数值
cos(x)	获取一个数值的余弦函数，返回 –1.0 ～ 1.0 的数，参数"x"为弧度数值
exp(x)	获取一个数值的指数函数，计算以"e"为底的指数，参数"x"为数值。返回"e"的"x"次幂。"e"代表自然对数的底数，其值近似为 2.71828。如 exp(1)，输出 2.718281828459045
floor(x)	向下取整函数，获取小于或者等于指定数值的最大整数。参数"x"为数值
log(x)	对数函数，计算以"e"为底的对数值，参数"x"为数值
max(x,y)	获取参数中的最大值。参数"x,y"表示多个数值，不一定为两个数值
min(x,y)	获取参数中的最小值。参数"x,y"表示多个数值，不一定为两个数值
pow(x,y)	幂函数，计算"x"的"y"次幂。参数"x"为底数，"x"为大于或等于 0 的数字"y"为指数，"y"为整数，不能为小数
random()	随机数函数，返回一个 0 ～ 1 的随机数。例如，获取 10 ～ 15 的随机小数，计算公式为 Math.random()*5+10
sin(x)	正弦函数，参数"x"为弧度数值
sqrt(x)	平方根函数，参数"x"为数值
tan(x)	正切函数，参数"x"为弧度数值

案例操作——设计制作计算器效果

源文件：源文件 \ 第 5 章 \ 设计制作计算器效果 .rp　操作视频：视频 \ 第 5 章 \ 设计制作计算器效果 .mp4

01 新建一个 Axure RP 10 文件。使用"矩形"元件、"文本框"元件、"文本标签"元件和"主要按钮"元件完成页面的制作，如图 5-257 所示。分别为"文本框"元件和"按钮"元件设置名称，如图 5-258 所示。

02 选择"计算加"按钮元件，添加"单击"事件，再添加"设置变

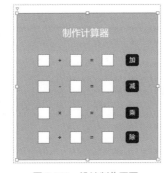

图 5-257　设计制作页面

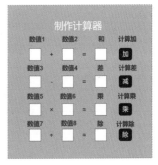

图 5-258　设置元件名称

167

量值"动作,单击"添加全局变量"按钮,新建全局变量 a,如图 5-259 所示。使用相同的方法,新建全局变量 b,如图 5-260 所示。

[03] 添加"设置文本"动作,在"目标"下拉列表框中选择"和"选项,单击"值"下拉列表框右侧的按钮,插入图 5-261 所示的表达式。单击"确定"按钮,设置动作,如图 5-262 所示。

图 5-259　添加并设置全局变量 a　图 5-260　添加并设置全局变量 b　　　　图 5-261　插入表达式

[04] 单击"确定"按钮。继续使用相同的方法,依次为其他几个"按钮"元件添加交互,完成后的页面效果如图 5-263 所示。单击工具栏中的"预览"按钮,在打开的浏览器中输入数值,预览加法、减法、乘法和除法的计算效果,如图 5-264 所示。

图 5-262　设置动作　　　　　图 5-263　计算器页面效果　　　　图 5-264　页面的预览效果

5.9.9　日期函数

单击"编辑文本"对话框中的"插入变量或函数"链接,在"日期"选项组中可以看到 40 个日期函数,函数说明如表 5-9 所示。

表 5-9　日期函数

函 数 名 称	说　　　　明
Now	返回计算机系统当前设定的日期和时间值
GenDate	获得生成 Axure 原型的日期和时间值
getDate()	返回 Date 对象属于哪一天的值,取值范围为 1～31
getDay()	返回 Date 对象为一周中的哪一天,取值范围为 0～6,周日的值为 0
getDayOfWeek()	返回 Date 对象为一周中的哪一天,用该天的英文表示,如周六表示为 Saturday
getFullYear()	获得日期对象的 4 位年份值,如 2015

续表

函 数 名 称	说　　明
getHours()	获得日期对象的小时值，取值范围为 0 ～ 23
getMilliseconds()	获得日期对象的毫秒值
getMinutes()	获得日期对象的分钟值，取值范围为 0 ～ 59
getMonth()	获得日期对象的月份值
getMonthName()	获得日期对象的月份的名称，根据当前系统时间关联区域的不同，会显示不同的名称
getSeconds()	获得日期对象的秒值，取值范围为 0 ～ 59
getTime()	获得 1970 年 1 月 1 日至今的毫秒数
getTimezoneOffset()	返回本地时间与格林尼治标准时间（GMT）的分钟值
getUTCDate()	根据世界标准时间，返回 Date 对象属于哪一天的值，取值范围为 1 ～ 31
getUTCDay()	根据世界标准时间，返回 Date 对象为一周中的哪一天，取值范围为 0 ～ 6，周日的值为 0
getUTCFullYear()	根据世界标准时间，获得日期对象的 4 位年份值，如 2015
getUTCHours()	根据世界标准时间，获得日期对象的小时值，取值范围为 0 ～ 23
getUTCMilliseconds()	根据世界标准时间，获得日期对象的毫秒值
getUTCMinutes()	根据世界标准时间，获得日期对象的分钟值，取值范围为 0 ～ 59
getUTCMonth()	根据世界标准时间，获得日期对象的月份值
getUTCSeconds()	根据世界标准时间，获得日期对象的秒值，取值范围为 0 ～ 59
parse(datestring)	格式化日期，返回日期字符串相对 1970 年 1 月 1 日的毫秒数
toDateString()	将 Date 对象转换为字符串
toISOString()	返回当前日期对象的 ISO 格式的日期字符串，格式为 YYYY-MM-DD THH:mm:ss.sssZ
toJSON()	将日期对象进行 JSON（JavaScript Object Notation）序列化
toLocaleDateString()	根据本地日期格式，将 Date 对象转换为日期字符串
toLocaleTimeString()	根据本地时间格式，将 Date 对象转换为时间字符串
toLocaleString()	根据本地日期、时间格式，将 Date 对象转换为日期、时间字符串
toTimeString()	将日期对象的时间部分转换为字符串
toUTCString()	根据世界标准时间，将 Date 对象转换为字符串
UTC(year,month,day,hour, minutes sec,millisec)	生成指定年、月、日、小时、分钟、秒和毫秒的世界标准时间对象，返回该时间相对 1970 年 1 月 1 日的毫秒数
valueOf()	返回 Date 对象的原始值
addYears(years)	将某个 Date 对象加上若干年份值，生成一个新的 Date 对象
addMonths(months)	将某个 Date 对象加上若干月值，生成一个新的 Date 对象
addDays(days)	将某个 Date 对象加上若干天数，生成一个新的 Date 对象
addHous(hours)	将某个 Date 对象加上若干小时数，生成一个新的 Date 对象
addMinutes(minutes)	将某个 Date 对象加上若干分钟数，生成一个新的 Date 对象
addSeconds(seconds)	将某个 Date 对象加上若干秒数，生成一个新的 Date 对象
addMilliseconds(ms)	将某个 Date 对象加上若干毫秒数，生成一个新的 Date 对象

案例操作——使用时间函数

源文件：源文件 \ 第 5 章 \ 使用时间函数 .rp　操作视频：视频 \ 第 5 章 \ 使用时间函数 .mp4

01 新建一个文件，使用"文本框"元件、"文本标签"元件和"主按钮"元件制作图 5-265 所示的页面效果。从左到右依次将"文本框"元件命名为"shi"（见图 5-266）"fen""miao"。

02 选择"主要按钮"元件，单击"交互"面板上的"新建交互"按钮，添加"单击"事件后再添加"设置文本"动作，勾选 shi 复选框，单击"值"选项组中文本框右侧的按钮，如图 5-267 所示。

图 5-265　页面效果

图 5-266　制定元件名称

图 5-267　"交互"面板

03 在弹出的"编辑文本"对话框中单击"插入变量或函数"链接，选择"日期"选项组中的 getHours() 选项，如图 5-268 所示。

04 单击"确定"按钮，获取小时函数。单击"设置文本"右侧的"添加目标"按钮，分别为其他两个文本框添加函数，如图 5-269 所示。单击"预览"按钮，预览效果如图 5-270 所示。

图 5-268　选中日期函数

图 5-269　添加函数

图 5-270　预览效果

5.10　本章小结

本章中主要针对 Axure RP 10 创建交互设计的方法和技巧进行了讲解，帮助读者掌握 Axure RP 10 中如何创建交互设计的方法和技巧，能帮助读者掌握添加交互效果的事件和动作的方法，其中包括变量的使用、设置条件、表达式、中继器动作及常见函数的使用方法。通过对本章的学习，读者可以打下良好的基础，为后面深层次的学习打下基础。

第6章

团队合作与输出

Axure RP 10 允许多人参与同一个项目的开发，团队中的每个人都会分到一个或多个项目模块，每个模块之间都有联系。原型设计制作完成后，需要将其发布与输出，以供使用。本章主要介绍 Axure RP 10 中使用团队项目合作的功能和方法，同时针对 Axure RP 10 发布与输出产品原型的功能进行讲解。

本章知识点
- 掌握创建团队项目的方法。
- 掌握编辑项目文件的方法。
- 了解 Axure Cloud。
- 掌握发布到 Axure Cloud 的方法。
- 掌握在浏览器中查看产品原型的方法。
- 掌握各种生成器的使用方法。

6.1 使用团队项目

一个大的项目通常不是一个人完成的，需要几个甚至几十个人共同来完成。使用团队项目可以使团队中的所有用户及时共享最新信息，并全程参与到项目的研发制作中。

6.1.1 创建团队项目

选择"文件"→"新建"命令，新建一个 Axure RP 10 文件。选择"团队"→"从当前文件创建团队项目"命令，如图 6-1 所示，即可开始创建团队项目。

用户也可以选择"文件"→"新建团队项目"命令，如图 6-2 所示，在弹出的"创建团队项目"对话框中创建项目，如图 6-3 所示。

用户可以在"团队项目名称"文本框中输入团队项目名称，以便团队人员查找和参与团队项目，如图 6-4 所示。第一次创建团队项目需要新建工作空间，用来保存项目，用户可以在"新建工作空间"文本框中输入空间名称，如图 6-5 所示。

图 6-1　从当前文件创建团队项目

图 6-2　新建团队项目

图 6-3　"创建团队
项目"对话框

图 6-4　输入团队项目
名称

图 6-5　输入工作
空间名称

　　用户如果已经创建过工作空间，可以单击 Choose Existing Workspace（选择已存在的工作空间）链接，在 Axure Cloud 中选择即可。

　　单击"创建团队项目"按钮，Axure RP 10 开始创建团队项目，稍等片刻即可完成团队项目的创建，如图 6-6 所示。单击"保存团队项目文件"按钮，将项目文件保存在指定位置后，即可将项目文件保存到本地，如图 6-7 所示。

图 6-6　完成团队项目的创建

图 6-7　将项目文件保存到本地

6.1.2 加入团队项目

用户可以在"创建团队项目"对话框中选择 Invite Users（邀请用户）和 Make URL Public（创建 URL 公布）两种方式邀请团队人员加入项目，如图 6-8 所示。

1. Invite Users（邀请用户）

单击 Invite Users 按钮，即可打开 Axure Cloud 页面，如图 6-9 所示。在"Enter emails, separated by commas"（输入邮箱地址）文本框中输入一个或多个邮箱地址，在"Optional Message"（邀请信息）文本框中输入邀请信息，单击 Invite 按钮，即可将邀请信息发送到用户邮箱，如图 6-10 所示。

图 6-8 两种邀请方式

图 6-9 打开 Axure Cloud 页面

图 6-10 输入邮箱和邀请信息

2. Make URL Public（创建URL公布）

单击 Make URL Public（创建 URL 公布）按钮，也可打开 Axure Cloud（Axure 云）页面，将鼠标指针移动到项目文件上，单击"预览"按钮，将预览当前页面，如图 6-11 所示。单击"检查"按钮，将检查当前页面，如图 6-12 所示。

图 6-11 预览当前页面

图 6-12 检查当前页面

单击页面右侧的 Share（分享）按钮，在弹出的对话框中单击 Enable Share Link（允许分享）选项，如图 6-13 所示，单击 Copy（拷贝）按钮，复制链接地址或页面地址后关闭对话框。单击 Invite（查看）按钮，在弹出的对话框中输入邀请用户邮箱，单击 Invite（邀请）按钮，即可将邀请信息发送到用户邮箱，如图 6-14 所示。

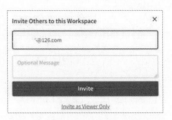

图 6-13　激活 Enable Share Link 选项　　　　图 6-14　单击 Invite（邀请）按钮

6.1.3　打开团队项目

选择"文件"→"获取和打开团队项目"命令，或者选择"团队"→"获取和打开团队项目"命令，如图 6-15 所示，弹出"获取团队项目"对话框，如图 6-16 所示。

图 6-15　选择命令　　　　　　　　图 6-16　"获取团队项目"对话框

单击"从 Axure Cloud 选择"右侧的 ⋯ 按钮，用户可以在弹出的列表中选择想要打开的项目，如图 6-17 所示。选择完成后，单击"获取团队项目"按钮，如图 6-18 所示。"获取团队项目"对话框出现等待图示，如图 6-19 所示，即可打开团队项目。

图 6-17　选择项目　　　　图 6-18　单击"获取团队项目"按钮　　　图 6-19　等待图标

单击"保存团队项目文件"按钮，如图 6-20 所示，在弹出的"另存为"对话框中设置本地地址和名称，完成后单击"保存"按钮，即可将团队项目文件保存在本地。

保存完成后，在"获取团队项目"对话框中单击"打开团队项目文件"按钮，即可将项目文件打开。打开后的项目页面将显示在"页面"面板中，如图 6-21 所示。

图 6-20　保存团队项目　　　　　　　　图 6-21　打开团队项目文件

6.1.4　编辑项目文件

单击页面右侧的蓝色图标，弹出图 6-22 所示的下拉列表。用户可以选择"检出"选项将页面检出，检出页面右侧的图标将变为绿色的，如图 6-23 所示。

图 6-22　下拉列表　　　　　　　　　　图 6-23　检出页面

> **提 示**
>
> 在团队项目中，为了避免几个用户同时编辑一个文件造成冲突，可以将项目库中的文档检出，检出后的文件将不能被其他用户再编辑。

页面编辑完成后，单击页面右侧的绿色图标，在弹出的列表中选择"检入"选项，将页面检入，如图 6-24 所示。"进度"对话框如图 6-25 所示。

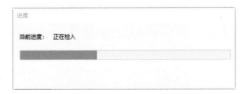

图 6-24　下拉列表　　　　　　　　　　图 6-25　"进度"对话框

> **提 示**
>
> 团队合作的重点是团队项目中的检入和检出，只有将制作完的内容全部检入后才能被团队中的其他成员看到。

检入过程中将弹出"检入"对话框,如图 6-26 所示。用户可以在该对话框中查看检入的项目并输入检入注释,如图 6-27 所示。

单击"确定"按钮,继续检入操作,检入完成后,页面右侧的图标将重新变为蓝色图标,如图 6-28 所示。团队的其他成员可以单击该图标,在弹出的列表中选择"获得变更"选项,将当前页面更新为最新版本,如图 6-29 所示。

图 6-26 "检入"对话框

图 6-27 输入检入注释

图 6-28 完成检入

用户也可以通过选择"团队"菜单下的命令完成对团队项目的各种操作,如图 6-30 所示。例如,选择"团队"→"浏览团队项目历史记录"命令,用户可以在网页中查看当前项目的所有操作记录,如图 6-31 所示。

图 6-29 更新页面   图 6-30 "团队"菜单

图 6-31 浏览团队项目历史记录

6.2 Axure Cloud

Axure Cloud 是用于存放 HTML 原型的 Axure Cloud 主机服务。Axure Cloud 目前托管在 Amazon 网络服务平台,是一个非常可靠和安全的云环境。

6.2.1　创建 Axure Cloud 账号

目前，Axure Cloud 已全部免费。每个账号被允许创建 100 个项目，每个项目的大小限制为 100MB。

在使用 Axure Cloud 之前，用户需要注册一个账号，选择"账户"→"登录您的 Axure 账号"命令，如图 6-32 所示。弹出"登录"对话框，如图 6-33 所示。

图 6-32　选择命令　　　　　　　　　　图 6-33　"登录"对话框

单击"登录"对话框右下角的 Sign up（注册）链接，弹出"注册"对话框，如图 6-34 所示。输入注册邮箱和密码后，单击 Create Account（创建账户）按钮，即可完成 Axure 账户的注册。

创建账户后，将会自动在 Axure RP 10 中登录账户，用户名称显示在界面的右上角。用户可以通过单击界面右上角的下拉按钮查看和管理账户，如图 6-35 所示。

图 6-34　"注册"对话框　　　　　　　　图 6-35　登录账户

6.2.2　发布到 Axure Cloud

用户可以将原型托管在 Axure Cloud 上并分享给利益相关者。使用 HTML 原型的讨论功能可以让利益相关者与设计团队进行离线讨论。

图 6-36　"共享"按钮

单击 Axure RP 10 工具栏上的"共享"按钮，如图 6-36 所示，弹出"发布项目"对话框，单击对话框顶部的"发布到 Axure Cloud"选项，如图 6-37 所示。

> **提　示**
>
> 　　选择"发布"→"发布到 Axure Cloud"命令，也可以打开"发布项目"对话框，完成将项目发布到 Axure 云的操作。

图 6-37　"发布项目"对话框

1. 发布到Axure Cloud

选择"发布到 Axure Cloud"选项，输入项目名称和"分享链接的密码（选填）"后，单击"发布"按钮，稍等片刻，即可将当前项目发送到 Axure Cloud，如图 6-38 所示。

单击 Share Link 选项后的 Copy 按钮，复制链接。打开浏览器，将复制的内容粘贴到地址栏，即可打开 Axure Cloud 页面，如图 6-39 所示。

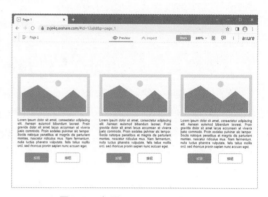

图 6-38　发布到 Axure Cloud　　　　　　　　图 6-39　打开 Axure Cloud 页面

如果在"发布项目"对话框中的"分享链接的密码（选填）"文本框中设置了密码，则需要在 Access Code（共享码）文本框中输入共享链接密码后，单击 View Project（预览项目）按钮，才能打开共享的项目，如图 6-40 所示。

2. 发布到本地

选择 Publiseh Locally（发布到本地）选项，为项目指定本地目录后，单击"发布到本地"按钮，即可将项目文件发布到本地设备的指定位置，如图 6-41 所示。

图 6-40　输入共享链接密码　　　　　　　　　　图 6-41　发布到本地

3. 管理服务器

选择 Manage Accounts（管理服务器）选项，弹出"管理 Axure Cloud 账号"对话框，在该对话框中可以完成账户的添加、编辑、退出和移除操作，如图 6-42 所示。

单击"确定"按钮，弹出"发布项目"对话框。单击"发布项目"对话框中的 图标，展开项目输出配置选项，如图 6-43 所示。用户可以分别针对项目的页面、注释、交互或字体进行配置。

图 6-42　"管理 Axure Cloud 账号"对话框　　　　图 6-43　展开项目输出配置选项

6.3　发布查看原型

项目完成后，单击 Axure RP 10 工具栏中的"预览"按钮或者按 Ctrl+. 组合键，如图 6-44 所示，即可在浏览器中查看原型效果。用户可以通过选择"发布"→"预览"命令，在浏览器中查看产品原型效果，如图 6-45 所示。

选择"发布"→"预览选项"命令，可以在弹出的"预览选项"对话框中设置打开项目的"浏览器"和"播放器"属性，如图 6-46 所示。

图 6-44　"预览"按钮　　　　图 6-45　预览命令　　　　图 6-46　"预览选项"对话框

1. 浏览器

- 默认浏览器：根据用户计算机中设置的默认浏览器，在该默认浏览器中打开项目文件。
- Edge：项目文件将在指定的 Edge 浏览器中打开。

提　示

如果系统中安装了其他浏览器，Axure RP 10 则会自动识别并添加到"预览选项"对话框"浏览器"下供用户选择使用。

2. 工具栏

- Default（默认）：选择此选项，浏览器将在页面顶部显示页面列表。
- 展开：选择此选项，预览产品原型时将把页面列表显示在页面的左侧，如图 6-47 所示。
- 最小化：选择此选项，预览产品原型时将隐藏工具栏和页面列表，如图 6-48 所示。单击浏览器窗口的左上角位置，即可显示工具栏和页面列表。

图 6-47 左侧显示页面列表

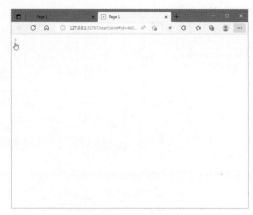

图 6-48 隐藏工具栏和页面列表

6.4 使用生成器

图 6-49 "发布"菜单

在输出项目文件之前，要了解生成器的概念。所谓生成器，就是为用户提供的不同的生成标准。在 Axure RP 10 中包含 HTML 生成器和 Word 生成器两种。用户可以在"发布"菜单下找到这两种生成器，如图 6-49 所示。

6.4.1 HTML 生成器

选择"发布"→"生成 HTML 文件"命令，如图 6-50 所示，弹出"发布项目"对话框，如图 6-51 所示。

图 6-50 选择"发布"→"生成 HTML 文件"命令

图 6-51 "发布项目"对话框

在"发布项目"对话框中可以配置 HTML1（default）生成器的选项，如图 6-52 所示；也可以单击 HTML 1（default）选项，在弹出的下拉列表中选择 New Configuration（新建配置）

选项，创建多个不同的 HTML 生成器，如图 6-53 所示。

图 6-52　HTML 1（default）生成器　　　图 6-53　选择 New Configuration 选项

提　示

通过创建多个 HTML 生成器，可以将大型项目中的页面切分成多个部分输出，以加快生成的速度。

"发布项目"对话框中 HTML 生成器各项参数解释如下。

1. 页面

用户可以在"页面"选项卡中选择发布的页面，默认情况下，将发布全部页面，如图 6-54 所示。取消勾选"发布所有页面"复选框后，可以在下方列表中选择要发布的页面，如图 6-55 所示。

图 6-54　发布全部页面

图 6-55　选择要发布的页面

当项目文件中页面过多时，用户可以通过单击"全部""无""选择子页面""取消选择子页面"4 个按钮快速完成发布页面的选择，如图 6-56 所示。

≔ 全部　　≡ 无　　⋮≡ 选择子页面　⫶≡ 取消选择子页面

图 6-56　页面选择按钮

2. 注释

用户可以在"注释"选项卡中选择发布文件中是否包含"元件注释"和"页面注释"，让 HTML 文档的页面说明更加结构化，如图 6-57 所示。

3. 交互

用户可以在"交互"选项卡中对页面中的交互"情形动作"和"元件引用页面"进行设置，以确保能够获得更好的页面交互效果，如图 6-58 所示。

图 6-57 "注释"选项卡

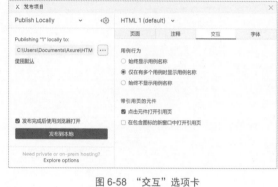

图 6-58 "交互"选项卡

图 6-59 "字体"选项卡

4. 字体

在 Axure RP 10 中默认字体是 Arial，用户可以通过在"字体"选项卡中添加字体和字体映射，获得更好的页面预览效果，如图 6-59 所示。

选择"发布"→"在 HTML 中重新生成当前页面"命令，可以再次发布当前页面的 HTML 文件，发布后将覆盖以前发布的页面。

6.4.2 Word 生成器

用户可以使用 Word 生成器将原型文件输出为 Word 说明文件。Axure RP 10 默认对 Word 2007 支持得比较好，并自带 Office 兼容包，生成的文件格式是 Docx。如果需要低版本的 Word 文件，则需要通过兼容获得。

选择"发布"→"生成 Word 规格说明书"命令，如图 6-60 所示，可以在弹出的"生成规格说明书"对话框中完成 Word 说明书的创建，如图 6-61 所示。

图 6-60 生成 Word 规格说明书

图 6-61 "生成规格说明书"对话框

"生成说明书"对话框中各项参数解释如下。

1．常规

在"常规"选项卡中，用户可以设置生成的 Word 说明书的位置和名称。

2．页面

在"页面"选项卡中，用户可以选择 Word 说明书中包含的内容。其和 HTML 生成器中的页面说明一样，可以让页面更加结构化，如图 6-62 所示。

3．母版

在"母版"选项卡中，用户可以选择需要出现在 Word 说明书中的母版和形式，如图 6-63 所示。

图 6-62　"页面"选项卡

图 6-63　"母版"选项卡

4．属性

在"属性"选项卡中，用户可以选择生成 Word 说明书时是否包含页面说明、页面交互、母版列表、母版使用情况报告、动态面板和中继器等内容，如图 6-64 所示。

5．截屏

Axure RP 10 生成 Word 说明书功能的一项特别节省时间的方式就是自动生成所有页面的屏幕截屏。在"截屏"选项卡

图 6-64　"属性"选项卡

下，用户可以设置所有页面的屏幕快照都自动更新，还可以同时创建脚注等，如图 6-65 所示。

6．元件

在"元件"选项卡中为元件提供了多种选项配置功能，可以对 Word 文档中包含的元件说明信息进行管理，如图 6-66 所示。

7．布局

在"布局"选项卡中提供了 Word 说明书页面布局的选择，用户可以选择采用单列或多列的方式排列页面，如图 6-67 所示。

8．模板

在"模板"选项卡中用户可以完成 Word 说明书中模板的设置。用户可以选择使用 Word 内置样式或 Axure 默认样式创建模板文件，并将模板文件应用到 Word 说明书中，如图 6-68 所示。

图 6-65 "截屏"选项卡

图 6-66 "元件"选项卡

图 6-67 "布局"选项卡

图 6-68 "模板"选项卡

设置完各项参数后，单击"生成规格说明书"按钮，即可完成 Word 说明书的创建，Word 说明书如图 6-69 所示。

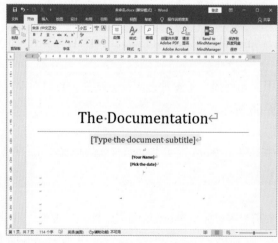

图 6-69 Word 说明书

6.4.3　更多生成器

除了 HTML 生成器和 Word 生成器，Axure RP 10 还提供了 CSV 生成器和打印生成器。选择"发布"→"更多生成器和配置"命令，如图 6-70 所示。打开"生成器配置"对话框，如图 6-71 所示。

图 6-70　选择命令

图 6-71　"生成器配置"对话框

1. CSV生成器

CSV 是一种通用的、相对简单的文件格式，被用户、商业领域和科学领域广泛应用。对其最广泛的应用是在程序之间转移表格数据，而这些程序本身是在不兼容的格式上进行操作的（往往是私有的和 / 或无规范的格式）。因为大量程序都支持某种 CSV 变体，其至少是作为一种可选择的输入 / 输出格式。

选择"生成器配置"对话框中的 CSV Report 1 选项，如图 6-72 所示。单击"生成"按钮或者双击 CSV Report 1 选项，在弹出的"生成 CSV 报告"对话框中设置 CSV 报告属性后，单击"创建 CSV 报表"按钮，即可完成 CSV 报告的生成，如图 6-73 所示。

图 6-72　选择 CSV Report 1 选项

图 6-73　设置 CSV 报告属性

2. 打印生成器

打印生成器是指如果需要定期打印不同的页面或母版，可以创建不同的打印配置项，这样就不需要每次都重新去配置打印属性。如果正在从 RP 文件中打印多个页面，不必频繁地重复调整打印配置，可以为每个需要打印的页面创建单独的打印配置。

提示

在打印时，用户可以配置想打印页面的比例，这样，无论是只有几页还是文件的一整节，打印一组模板都会变得非常简单。

选择"生成器配置"对话框中的 Print 1（default）选项，如图 6-74 所示。单击"生成"按钮或者双击 Print 1（default）选项，在弹出的"打印"对话框中设置打印报告属性后，单击"打印"按钮，即可开始打印项目页面，如图 6-75 所示。

图 6-74　选择"Print 1（default）"选项

图 6-75　设置打印报告属性

提示

为了确保打印的正确性，用户可以在完成各项参数的设置后，单击"打印"对话框底部的"预览"按钮，在"Axure 打印预览"对话框中预览打印效果。

6.5 本章小结

本章讲解了 Axure RP 10 中使用团队项目的方法及项目完成后的发布与输出，帮助读者熟练掌握创建、加入、打开和编辑团队项目的流程，深刻体会使用团队项目的优势。同时还帮助读者掌握将原型文件输出为不同格式的流程，并熟练掌握 HTML 生成器和 Word 生成器的使用方法。